爱不释手的20款玩偶钩织

〔保〕德桑拉瓦·迪米特罗娃 著

陆 歆 译

河南科学技术出版社

·郑州·

目录

作者的话

我是德桑拉瓦·迪米特罗娃，住在保加利亚。
我热爱钩针编织，特别是玩偶的钩织。
我是一名时装设计师，也是两个男孩子的母亲。
2016年我的大儿子22岁，另一个10岁。

2006年我第2个儿子出生了。他改变了我的生活。
我想要创作钩针玩偶，一开始我钩的并不是很完
美，但是慢慢地我获得了信心和成果。我很高兴今
天能和你们分享这些。

我经常被问到喜欢哪些作品，我总是说这些我都喜
欢，但是我还是更喜欢最近的作品。

我也编织服装、箱包、帽子、围巾等女士配饰。

非常感谢法国萨克斯出版社出版这本书，我希望您
从中获得灵感，在钩针编织中能有自己的创新。

祝您在完成作品过程中获得快乐。

德桑拉瓦

前言
（请在动手之前阅读）

本书中的每一个玩偶，都包括以下说明：

难度指数

☺ : 简单

☺☺ : 中等

☺☺☺ : 较难

材料： 表示所有必要的组成部分。

· 不同型号的线的重量和每团线的长度。

· 配料：填充棉，用作眼睛的珠子。（除非另有说明）

· 钩针（所用的型号都会明确说明），有时会是棒针。

· 其他：刺绣针，一把锐利的剪刀，缝合针，毛线缝针（用来收线头）。

贴士： 线的粗细要与钩针相匹配。选择的线材不同，玩具的大小可能不同，因此书中没有显示成品尺寸。

要点： 集中所有的要点和样品的特殊技术运用。

编织方法和组合

阐明是怎么一步步接近完成的作品，还配的有图片和一些图解。

贴士： 不要忘了所有的线都是靠毛线缝针来收尾的（或者将那根线的末端绕一圈收尾）。

注意： 除非另有说明，所有环形的钩织都是呈螺旋状的，这意味着当绕了一圈到达下一针的方向时，不要闭合这个圈而是继续钩下去。

玩偶登场了!

老鼠吉吉奥和老鼠吉吉

材料和工具

- 棉线团（50g/165m）：吉吉奥用线：原白色、蓝色、深灰色和栗色；吉吉用线：原白色、粉红色、深灰色和栗色
- 老鼠的眼睛均用两个直径为0.4cm或0.6cm的黑色珠子
- 填充棉
- 钩针2.5/0号或3/0号
- 记号环（选择使用）

要点

钩针针法
锁针、引拔针、短针、短针的条纹针、并针、放针：见92~94页

刺绣方法
直线绣：见95页

贴士：如无说明，此作品用螺旋形钩法。
窍门：为了更好地完成环形钩织，在一圈结束时放一个记号环，然后每次移动这个环，以标明一圈的开始。

编织方法

头部（1只老鼠，原白色线）
贴士：鼻尖不用往头后部钩。
环形绕线起针。
第1圈：1锁针（起立针），6短针。
第2圈：6放针，共12针。
第3圈：12短针。
第4圈：（1短针、1放针）重复6次，共18针。
第5圈：18短针。
第6圈：（2短针、1放针）重复6次，共24针。
第7圈：24短针。
第8~20圈：按照前面的规律，继续每2圈放6针，共66针。

第21~29圈：每圈钩66短针。
第30圈：（9短针、1并针）重复6次，余60针。开始塞填充棉（边钩边填塞）。
第31圈：（8短针、1并针）重复6次，余54针。
第32~39圈：按照前面的规律，继续每圈减6针，最后余6针。完成填充，剪线，为了收紧线，将线绕回通过最后一个针目。

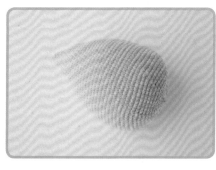

腿和身体（1只老鼠）
贴士：两只腿分别钩织，然后合并完成身体。

第1条腿
用栗色线，环形绕线起针。
第1圈：1锁针（起立针），6短针。
第2圈：6放针，共12针。
第3圈：（1短针、1放针）重复6次，共18针。
第4圈：（2短针、1放针）重复6次，共24针。

第5圈：24短针的条纹针，以突出鞋底的外形。
第6~8圈：24短针，开始塞填充棉（边钩边塞）。
第9圈：8短针，4并针，8短针，共20针。
第10圈：8短针，2并针，8短针，共18针。
第11圈：8短针，1并针，8短针，共17针，剪断栗色线，换深灰色线钩织。
第12~14圈：每圈钩17短针。
第15圈：4短针，1放针，7短针，1放针，4短针，共19针。
第16、17圈：每圈钩19短针。
第18圈：5短针，1放针，7短针，1放针，5短针，共21针。
第19、20圈：每圈钩21短针。
第21圈：4短针，1放针，11短针，1放针，4短针，共23针。
第22圈：23短针，剪线。

第2条腿： 和第1条腿方法一样。但是，在最后一圈钩18短针，拉长线环，提起钩针钩入第1条腿的第5针钩出1针（开始随后的一圈）。

身体： 第23圈：（1放针、22短针）重复2次，共48针。
第24、25圈：每圈钩48短针。
第26圈：（11短针、1放针）重复4次，共52针。
第27、28圈：每圈钩52短针。
第29圈：（12短针、1放针）重复4次，共56针。
第30~32圈：每圈钩56短针。

第33圈：19短针，1放针，4短针，1放针，6短针，1放针，4短针，1放针，19短针，共60针。
第34~39圈：每圈钩60短针，剪断深灰色线，换栗色线钩织。
第40圈：60短针。
第41圈：15短针，1并针，12短针，1并针，12短针，1并针，15短针，共57针。
第42圈：57短针，剪断栗色线，换蓝色线（或粉红色线）钩织。
第43、44圈：57短针。
第45圈：（1并针、17短针）重复3次，共54针。
第46圈：54短针。
第47圈：（1并针、16短针）重复3次，共51针。
第48圈：51短针。
第49~58圈：按照前面的规律，继续2圈减3针，共36针。
第59圈：（1并针、4短针）重复6次，共30针。
第60圈：30短针。
第61圈：（1并针、3短针）重复6次，共24针。
第62圈：24短针，钩1针引拔针结束。塞好填充棉，留足够能和胳膊连接的线后剪断。

胳膊（1只老鼠2只胳膊）
用原白色线，环形绕线起针。
第1圈：1锁针（起立针），6短针。
第2圈：6放针，共12针。
第3圈：（1短针、1放针）重复6次，共18针。
第4~6圈：每圈钩18短针。
第7圈：（4短针、1并针）重复3次，余15针。
第8圈：（3短针、1并针）重复3次，共12针，剪断原白色线，换蓝色线（或粉红色线）钩织。
第9~28圈：每圈钩12短针。
第29圈：（1并针、4短针）重复2次，共10针，钩1针引拔针结束。塞好填充棉，留足够能和胳膊连接的线后剪断。
同样的方法钩第2只胳膊。

将胳膊和身体缝起来（和第59圈保持一个高度）

耳朵（1只老鼠2只耳朵，原白色线）
环形绕线起针。
第1圈：1锁针（起立针），6短针。
第2圈：6放针，共12针。
第3圈：（1短针、1放针）重复6次，共18针。
第4圈：（2短针、1放针）重复6次，共24针。
第5、6圈：按照前面的规律，重复每圈放6针，共36针。
第7~11圈：每圈钩36短针。
第12圈：（4短针、1并针）重复6次，共30针。

第13圈：（3短针、1并针）重复6次，共24针。

第14、15圈：按照前面的规律，重复每圈减6针，余12针，钩1针引拔针结束。留出足够和头部连接的线后剪断。再钩另一只耳朵。

尾巴（1只老鼠1条尾巴，原白色线）

环形绕线起针。

第1圈：1锁针（起立针），6短针。

第2圈：（1放针、2短针）重复2次，共8针。

第3~37圈：每圈钩8短针，钩1针引拔针结束。留出足够的和身体连接的线再剪断。

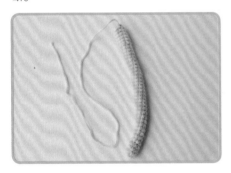

老鼠吉吉的蝴蝶结（1个，粉红色线）

钩织6针锁针起针。

第1圈：在第一针上钩1锁针和2短针，4短针，在最后一针上钩4短针，在6针锁针起针的另一侧钩4短针，2短针，在最开始的锁针上钩引拔针完成此圈。

第2圈：在最开始的锁针上钩1锁针（起立针），2放针，1短针，2引拔针，1短针，4放针，1短针，2引拔针，1短针，2放针，1引拔针，剪线。

剪1段30 cm长的粉红色线，围着蝴蝶结的中心绕圈，使它成型。

组合

将头部和颈部缝在一起，将耳朵缝在头部的两侧（在头部的第23圈和第25圈之间），将尾巴缝在身体的后部，用蓝色线或粉红色线在脸部的最突出处用直线绣绣一个三角形的鼻子，在头部合适的位置缝上两个黑色珠子作为眼睛。

将蝴蝶结固定在老鼠吉吉的头部（如图示）。

吉吉蝴蝶结的图解（1个，粉红色线）

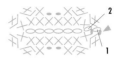

图解说明

◀ 剪线

◠ 锁针：钩针挂线，将线从线圈中拉出。

- 引拔针：钩针插入前一行针目头部的2根线中，钩针挂线并引拔出。

✕ 短针：钩针插入锁针的里山，针上挂线并拉出。再次挂线，从钩针上的2个线圈中引拔出。

✅ 放针：在1个针目中钩2针短针。

乘着飞机去旅行

材料和工具

- 棉线团（50g/165m）：飞机A用线：蓝色和白色；飞机B用线：紫色、白色和浅粉色
- 适量黑色棉线
- 填充棉
- 钩针3/0号或3.5/0号
- 记号环（选择使用）
- 刺绣针、毛线缝针、剪刀

要点

钩针针法
锁针、引拔针、短针、并针、放针：见93、94页

刺绣方法
直线绣：见95页

贴士：如无说明，此作品用螺旋形钩法。
窍门：为了更好地完成环形钩织，在一圈结束时放一个记号环，然后每次移动这个环，以标明一圈的开始。

编织方法

机身（1个）
注意：从机头开始。
用紫色线（或蓝色线），环形绕线起针。
第1圈：1锁针（起立针），6短针。
第2圈：1针短针放2针，共12短针。
第3圈：1针短针放2针，共24短针。
第4、5圈：每圈钩24短针。
第6圈：（3短针、1放针）重复6次，共30针。
第7、8圈：每圈钩30短针。
第9圈：(4短针、1放针)重复6次，共36针。
第10、11圈：每圈钩36短针。
第12圈：（5短针、1放针）重复6次，共42针。
第13、14圈：每圈钩42短针，然后钩机舱玻璃，为了不剪断主色蓝（或紫）线，换白色线钩机舱玻璃，将蓝色（或紫色）线休线，再钩以下的针法。

机舱玻璃（白色线）
注意：这个部分需要往返钩织。
第1行：距离蓝色（或紫色）线休线处5短针的位置钩9短针，向反方向往回钩。
第2行：9短针，向反方向往回钩。
第3行：1并针，7短针，向反方向往回钩。
第4行：1并针，6短针，向反方向往回钩。
第5行：1并针，5短针，向反方向往回钩。
第6行：1并针，4短针，余5针。
剪断白色线。
再用休线的主线钩织，完成机身。

第15圈：5短针，沿着3个白边钩17短针（两侧边各6针，顶边5针），再钩28短针，共50针。

第16圈：5短针，1并针，13短针，1并针，28短针，余48针。

第17~24圈：48短针。

第25圈：（6短针、1并针）重复6次，余42针。

第26~28圈：每圈钩42短针。

第29圈：（5短针、1并针）重复6次，余36针。

第30~33圈：每圈钩36短针。

第34圈：（4短针、1并针）重复6次，余30针。

第35~38圈：每圈钩30短针，开始塞填充棉。

第39圈：（3短针、1并针）重复6次，余24针。

第40~43圈：每圈钩24短针。

第44圈：（2短针、1并针）重复6次，余18针。

第45圈：18短针，结束填充。

第46圈：（1短针、1并针）重复6次，余12针。

第47圈：12短针。

第48圈：6并针，余6针。留5cm线剪断，为了收紧线，将线绕回通过最后一个针目。

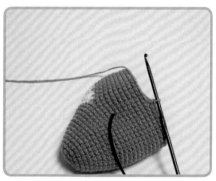

前翼（2个，蓝色线或浅粉色线）
环形绕线起针。

第1圈：1锁针（起立针），6短针。

第2圈：6放针，共12针。

第3圈：（1短针、1放针）重复6次，共18针。

第4圈：18短针。

第5圈：（2短针、1放针）重复6次，共24针。

第6圈：24短针。

第7圈：（1放针，11短针）重复2次，共26针。

第8圈：26短针。

第9圈：（1放针，12短针）重复2次，共28针。

第10~13圈：每圈钩28短针。钩1针引拔针结束，塞填充棉。留出足够和机身连接的线后剪断。

用同样方法钩另一个前翼。

后翼和尾翼（3个，蓝色线或浅粉色线）
环形绕线起针。

第1圈：1锁针（起立针），6短针。

第2圈：6放针，共12针。

第3圈：（1短针、1放针）重复6次，共18针。

第4圈：18短针。

第5圈：（1放针、8短针）重复2次，共20针。

第6圈：20短针。

第7圈：（1放针、9短针）重复2次，共22针。

第8、9圈：每圈钩22短针。钩1针引拔针结束，塞填充棉。留出足够和机身连接的线后剪断。

用同样方法钩另外两个相同的机翼。

组合

如图将机身和机翼连接起来。

用黑色棉线做直线绣绣出眼睛。

唱咏叹调的
洋娃娃

B   A

材料和工具

- 棉线团（50g/165m）洋娃娃A用线：原白色、深红色、红色、栗色和紫色；
洋娃娃B用线：原白色、黑色、深灰色、栗色、珊瑚红色和红色
- 毛线（50g/100m）使用6号棒针编织围巾，自行选择颜色
- 洋娃娃的眼睛用直径为0.4cm或0.6cm的黑色珠子
- 40cm蕾丝边（在礼服裙子的底部）
- 填充棉
- 钩针2.5/0号或3/0号
- 棒针6号
- 记号环（选择使用）
- 毛线缝针、缝衣针、剪刀

要点

钩针针法
锁针、引拔针、短针、短针的条纹针、长针、并针、放针、2针长针并1针：见92~94页

编织方法
边针：挑下1针不织。
平针织法：第1行全部织下针，第2行全部织上针，一直重复这两行。

贴士：除非另有说明，此作品用螺旋形钩法。
窍门：为了更好地完成环形的钩织，在一圈结束时放一个记号环，然后每次移动这个环，以标明一圈的开始。

编织方法

腿、身体和头部（1个）
第1条腿：用栗色线（或深灰色线）环形绕线起针。
第1圈：1锁针（起立针），6短针。
第2圈：6放针，共12针。
第3圈：（1短针、1放针）重复6次，共18针。
第4圈：（2短针、1放针）重复6次，共24针。
第5圈：（3短针、1放针）重复6次，共30针。换原白色线和栗色线（或深灰色线）交替3圈，如下：
第6~12圈：每圈钩30短针。开始塞充填棉（边钩边填塞）。
第13圈：5短针，1并针，（4短针、1并针）重复3次，5短针，余26针。
第14、15圈：每圈钩26短针。

第16圈：4短针，1并针，（3短针、1并针）重复3次，5短针，余22针。
第17圈：22短针。
第18圈：3短针，1并针，（2短针、1并针）重复3次，5短针，余18针。
第19~48圈：每圈钩18短针。完成填充并剪线。
第2条腿：和第1条腿方法一样，但不要剪线，塞满填充棉后继续用栗色线钩织，如下：
身体：第49圈：压扁第1条腿的边缘，用钩针穿过腿边缘的两边钩9短针，6锁针，用同样的钩法穿过第2条腿边缘的两边钩9短针，共24针。

第50圈：先钩24短针在第49行的前面，在空余的一根线上钩24短针，共48针。

第51~62圈：每圈钩48短针。塞棉填充（边钩边填塞），剪断栗色线，换红色线（或珊瑚红色线）钩织。

第63~65圈：每圈钩48短针。

第66圈：48短针的条纹针（注：短针的条纹针空余的一根线留在以后钩裙子）。

第67~72圈：每圈钩48短针。

第73圈：（6短针、1并针）重复6次，余42针。

第74圈：（5短针、1并针）重复6次，余36针。

第75圈：36短针。

第76圈：（4短针、1并针）重复6次，余30针。剪线，换原白色线钩织。

头部：第77圈：30短针。将填充棉塞入头部（边钩边填塞）。

第78圈：（3短针、1并针）重复6次，余24针。

第79~81圈：每圈钩24短针。

第82圈：（1短针、1放针）重复12次，共36针。

第83圈：36短针。

第84~88圈：按照前面的规律，每2圈加12针，共72针。

第89~100圈：每圈钩72短针。

第101圈：（10短针、1并针）重复6次，余66针。

第102圈：（9短针、1并针）重复6次，余60针。

第103~111圈：按照前面的规律，每圈减6针，同时完成填充。留5cm线剪断，为了收紧线，将线绕回并穿过最后一个针目。

裙子（1条，用红色线或珊瑚红色线）
注：裙子从上面开始钩织。
第1圈：1锁针，在身体的第66圈所余的一根线上钩短针。在最开始的锁针上钩1针引拔针结束此圈。共48针。

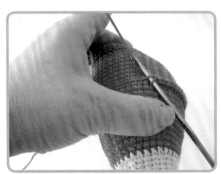

第2圈：在同一针上钩3锁针（=第1针长针）和1长针，随后在每一针上钩2长针，在开始的3针锁针的第3针上钩1针引拔针结束此圈，共96针。

第3~10圈：每圈钩96长针（注：所有的第1针长针都可由3针锁针代替）。在开始的3针锁针的第3针上钩1针引拔针结束此圈。

第11圈：1锁针，96短针。在开始的锁针上钩1针引拔针结束此圈。剪线。

将蕾丝花边缝在裙子底边。

胳膊（2只）
用原白色线，环形绕线起针。
第1圈（从手开始）：1锁针，6短针。
第2圈：6放针，共12针。
第3圈：（1短针、1放针）重复6次，共18针。
第4~6圈：每圈钩18短针。
第7圈：4并针，10短针，余14针。
第8圈：2并针，10短针，余12针。开始塞填充棉（边钩边填塞）。
第9~13圈：每圈钩12短针。剪断原白色线，换红色线（或者珊瑚红色线）钩织。

第14~25圈：每圈钩12短针。
第26行（从肩膀开始）：2短针，翻转钩针，跳过1针，8短针。
第27行：翻转钩针，跳过1针，6短针。
第28行：翻转钩针，跳过1针，4短针。
第29圈：翻转钩针，跳过1针，3短针，随后在第1个肩膀的一侧钩3短针，在胳膊上钩3短针（即在第25圈上）。在第2个肩膀的一侧钩3短针，在开始一圈的第1针上的引拔针结束。完成填充。留足够的线后剪断，用于和身体连接。

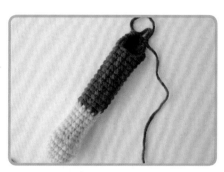

同样的方法钩第2只胳膊。

头发（1顶，栗色线）
环形绕线起针。
第1圈：1锁针，6短针。
第2圈：6放针，共12针。
第3圈：（1短针、1放针）重复6次，共18针。
第4圈：（2短针、1放针）重复6次，共24针。
第5~12圈：按照前面的规律，重复每圈放6针，共72针。
第13~24圈：每圈钩72短针。
第25圈：（1短针、跳过2针，在1针上钩6长针，随后跳过2针）重复7次，30短针。钩1针引拔针结束。留足够的线后剪断，用于和头部连接。

双马尾辫（2条，栗色线）
环形绕线起针。
第1圈：1锁针，6短针。
第2圈：6放针，共12针。
第3圈：（1短针、1放针）重复6次，共18针。
第4圈：（2短针、1放针）重复6次，共24针。
第5圈：（3短针、1放针）重复6次，共30针。
第6~10圈：每圈钩30短针。
第11圈：（3短针、1并针）重复6次，余24针。
第12圈：（2短针、1并针）重复6次，余18针。
第13圈：（1短针、1并针）重复6次，余12针。
第14圈：（1短针、1并针）重复4次，余8针。钩1针引拔针结束。用填充棉填充。留足够的线后剪断，用于和头发连接。
用同样的3/0号针钩第2条双马尾辫。

鞋子（2只，深红色线或黑色线）
环形绕线起针。
第1圈：1锁针，6短针。
第2圈：6放针，共12针。
第3圈：（1短针、1放针）重复6次，共18针。
第4圈：（2短针、1放针）重复6次，共24针。
第5圈：（3短针、1放针）重复6次，共30针。
第6~11圈：每圈钩30短针。
第12圈：5短针，1并针，（4短针、1并针）重复3次，5短针。余26针。
第13行：26短针。翻转钩针做往返钩织。
第14行：跳过1针，16短针，翻转钩针。

第15、16行：1锁针，16短针。

第17圈：1锁针，16短针，继续钩短针形成一条链作为搭扣。再钩6锁针，1起立针，翻转钩针，往回钩6短针，在开始的锁针上钩1针引拔针来结束此圈。留一段长线后剪断。将搭扣缝在鞋子的另一侧上。

用同样的方法钩第2只鞋子。

贝雷帽（1顶，紫色线或红色线）

环形绕线起针。

第1圈：3锁针（=1长针），11长针，在开始的3针锁针的第3针上钩1针引拔针结束此圈。

第2圈：在同一针上钩3锁针（=1长针）和1长针。在随后一针上钩2长针，重复11次，在开始的3针锁针的第3针上钩1针引拔针结束此圈，共24针。

第3圈：[1长针，在随后一针上钩2长针（第1针长针可由3针锁针代替）]重复12次。在开始的3针锁针的第3针上钩1针引拔针结束此圈，共36针。

第4~7圈：重复每圈加12长针，共84针。

第8圈：钩5长针（第1针长针可由3针锁针代替）和2针长针并1针，重复12次。在开始的3针锁针的第3针上钩1针引拔针结束此圈。余72针。

第9圈：钩10长针（第1针长针可由3锁针代替）和2长针并1针，重复6次，在开始的3针锁针的第3针上钩1针引拔针结束此圈。余66针。

第10~12圈：1锁针，66短针，在开始的锁针上钩1针引拔针结束此圈。

剪线。

围巾（1条，毛线）

用棒针编织，起10针，平针编织20厘米长，松松地平针收针，然后剪线。

组合

将胳膊缝在身体的两侧同一个高度上。

将珠子（眼睛）缝在脸中间，双眼间隔8针。

将头发缝在头上（将刘海放在脸的前面）。参照图示，将双马尾辫缝在头部的两侧。

将鞋子套到脚上，将贝雷帽戴在头上，将围巾绕在脖子上，打一个结，完成。

兔子费力克斯

材料和工具

- 棉线团（50g/165m）：原白色、深蓝色
- 适量浅灰色棉线
- 眼睛用直径为0.4cm或0.6cm的黑色珠子
- 填充棉
- 3颗纽扣
- 钩针3/0号
- 记号环（选择使用）
- 刺绣针、缝衣针、毛线缝针、剪刀

要点

钩针针法

锁针、引拔针、短针、并针、放针：见93、94页

刺绣针法

直线绣：见95页

贴士：如无说明，此作品用螺旋形钩法。
窍门：为了更好地完成环形的钩织，在一圈结束时放一个记号环，然后每次移动这个环，以标明一圈的开始。

编织方法

头部（1个，原白色线）

环形绕线起针。
第1圈：1锁针，6短针。
第2圈：6放针，共12针。
第3圈：（1短针、1放针）重复6次，共18针。
第4圈：（2短针、1放针）重复6次，共24针。
第5~11圈：按照前面的规律，重复每圈放6针，共66针。
第12~22圈：每圈钩66短针。
第23圈：（9短针、1并针）重复6次，余60针。
第24圈：（8短针、1并针）重复6次，余54针。开始填充棉（边钩边填塞）。
第25~29圈：按照前面的规律，重复每圈并6针，余24针。钩1针引拔针结束。留

5cm的线然后剪断。完成填充。

身体（1个）

用深蓝色线，环形绕线起针。
第1圈：1锁针，6短针。
第2圈：6放针，共12针。
第3圈：（1短针、1放针）重复6次，共18针。
第4圈：（2短针、1放针）重复6次，共24针。
第5~10圈：按照前面的规律，重复每圈放6针，共60针。
第11~25圈：每圈钩60短针。
第26圈：（8短针、1并针）重复6次，余54针。
第27圈：54短针。
第28圈：（7短针、1并针）重复6次，余48针。
第29圈：48短针。
第30~36圈：按照前面的规律，重复每2圈并6针，余24针。（注意：从第31圈开始塞填充棉。）

剪线，换原白色线钩织。
第37~39圈：每圈钩24短针。钩1针引拔针结束。完成填充。留足够的线后剪断，用于连接其他部位。

胳膊（2只）

用原白色线，环形绕线起针。
第1圈：1锁针，6短针。
第2圈：6放针，共12针。
第3圈：（1短针、1放针）重复6次，共18针。
第4圈：（2短针、1放针）重复6次，共24针。
第5~7圈：每圈钩24短针。
第8圈：（4短针、1并针）重复4次，共20针。
第9圈：（3短针、1并针）重复4次，共16针。
第10圈：（2短针、1并针）重复4次，共12针。
第11~25圈：每圈钩12短针。剪线。开始塞填充棉（边钩边填塞）。换深蓝色

线钩织。

第26~29圈：每圈钩12短针。

第30圈：压扁边缘，同时用钩针穿过边缘的两边钩6短针，留足够的线后剪断，用于与身体连接。

用同样的方法钩另一只胳膊。

腿（2条）

用原白色线，环形绕线起针。

第1圈：1锁针、6短针。

第2圈：6放针，共12针。

第3圈：（1短针、1放针）重复6次，共18针。

第4圈：（2短针、1放针）重复6次，共24针。

第5圈：（3短针、1放针）重复6次，共30针。

第6~10圈：每圈钩30短针。

第11圈：（3短针、1并针）重复6次，余24针。开始塞填充棉（边钩边填塞）。

第12圈：24短针。

第13圈：（4短针、1并针）重复4次，余20针。

第14圈：20短针。

第15圈：（3短针、1并针）重复4次，余16针。

第16~40圈：每圈钩16短针，剪线。换深蓝色线钩织。

第41~45圈：每圈钩16短针。

第46圈：（2短针、1并针）重复4次，余12针，钩1针引拔针结束。完成填充。留足够的线后剪断，用于与身体连接。

用同样的方法钩另一条腿。

耳朵（2只，原白色线）

环形绕线起针。

第1圈：1锁针、6短针。

第2圈：6放针，共12针。

第3圈：（1短针、1放针）重复6次，共18针。

第4圈：（2短针、1放针）重复6次，共24针。

第5~11圈：每圈钩24短针。

第12圈：（4短针、1并针）重复4次，余20针。

第13~16圈：每圈钩20短针。

第17圈：（3短针、1并针）重复4次，余16针。

第18~20圈：每圈钩16短针。

第21圈：（2短针、1并针）重复4次，余12针。

第22~24圈：每圈钩12短针。钩1针引拔针结束。留足够的线后剪断，用于与头部连接。

用同样的方法钩另一只耳朵。

尾巴（1条，原白色线）

环形绕线起针。

第1圈：1锁针、6短针。

第2圈：6放针，共12针。

第3圈：（1短针、1放针）重复6次，共18针。

第4圈：（2短针、1放针）重复6次，共24针。

第5~7圈：每圈钩24短针。

第8圈：12并针，余12针，开始填充。

第9圈：6并针。钩1针引拔针结束。留足够的线后剪断，用于与身体连接。

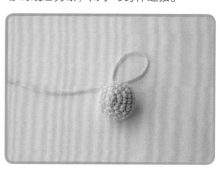

组合

将耳朵缝在头顶上，将2只胳膊缝在身体两侧同一个高度上。

将腿和身体的后部末端缝在一起，将尾巴和身体的后部缝在一起。

将珠子（眼睛）缝在头部的第15、16圈中间，两眼间隔8针或9针。

做直线绣绣1个鼻子。

缝上纽扣。

跳舞娃娃
戴安娜

材料和工具

- 棉线团（50g/165m）：原白色、栗色、浅绿色、薰衣草色、紫色
- 眼睛用直径为0.4cm或0.6cm的黑色珠子
- 填充棉
- 钩针2.5/0号或3/0号
- 记号环（选择使用）
- 刺绣针、缝衣针、毛线缝针、剪刀

要点

钩针针法
锁针、引拔针、短针、短针的条纹针、长针、并针、放针：见92~94页

贴士：如无说明，此作品用螺旋形钩法。
窍门：为了更好地完成环形钩织，在一圈结束时放一个记号环，然后每次移动这个环，以标明一圈的开始。

编织方法

头部（1个，原白色线）
环形绕线起针。
第1圈：1锁针，6短针。
第2圈：6放针，共12针。
第3圈：（1短针、1放针）重复6次，共18针。
第4圈：（2短针、1放针）重复6次，共24针。
第5~13圈：按照前面的规律，每圈放6针，共78针。
第14~26圈：每圈钩78短针。
第27圈：（11短针、1并针）重复6次，余72针。开始塞填充棉（边钩边填充）。
第28圈：（10短针、1并针）重复6次，余66针。
第29~35圈：每圈并6针，余24针。
钩1针引拔针结束。
完成填充并剪线。

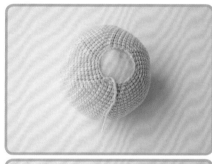

身体（1个）
用紫色线，环形绕线起针。
第1圈：1锁针，6短针。
第2圈：6放针，共12针。
第3圈：（1短针、1放针）重复6次，共18针。
第4圈：（2短针、1放针）重复6次，共24针。
第5~10圈：按照前面的规律，重复每圈放6针，共60针。
第11~15圈：每圈钩60短针。
第16圈：（8短针、1并针）重复6次，余54针。
第17、18圈：每圈钩54短针。
第19圈：（7短针、1并针）重复6次，余48针。

第20圈：钩48针短针的条纹针。（注意：为了之后在空余的地方钩裙子。）
第21圈：48短针。开始塞填充棉（边钩边填塞）。
第22圈：（6短针、1并针）重复6次，余42针。
第23、24圈：每圈钩42短针。
第25~31圈：按照前面的规律，重复每3圈并6针，余24针。剪线，换原白色线钩织。
第32圈：24针短针的条纹针。
第33、34圈：每圈钩24短针。钩1针引拔针结束。完成填充，留足够的线后剪断，用于连接其他部位。

裙子（1条）
注：裙子从上往下钩。
用薰衣草色线。
第1圈：1锁针，在身体的第20圈空余的一条线上钩一圈短针。在最开始的锁针上钩引拔针结束此圈，共48针。

第2圈：在同一针上钩3锁针（=1长针）和1长针，随后在每一针上钩2长针，在开始的3针锁针的第3针上钩1针引拔针结束此圈，共96针。
第3圈：（1长针，在随后一针上钩2长针）重复48次（第1针长针可由3针锁针代替）。在开始的3针锁针的第3针上钩1针引拔针结束此圈，共144针。
第4~6圈：每圈钩44长针。（第1针长针可由3针锁针代替）。在开始的3针锁

针的第3针上钩1针引拔针结束此圈。剪线，换浅绿色线钩织。
第7圈：1锁针，144短针，在开始的锁针上钩1针引拔针结束此圈，剪线。

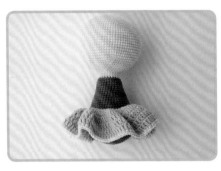

胳膊（2只，原白色线）
环形绕线起针。
第1圈：1锁针，6短针。
第2圈：6放针，共12针。
第3圈：（1短针、1放针）重复6次，共18针。
第4圈：（2短针、1放针）重复6次，共24针。
第5~8圈：每圈钩24短针。开始塞填充棉（边钩边填塞）。
第9圈：（6短针、1并针）重复3次，余21针。

第10圈：21短针。
第11圈：（5短针，1并针）重复3次，余18针。
第12圈：18短针。
第13圈：（4短针、1并针）重复3次，余15针。
第14圈：（3短针、1并针）重复3次，余12针。
第15~37圈：每圈钩21短针，完成填充。
第38圈：（1并针、4短针）重复2次，余10针。
第39圈：压扁腿的上口，同时用钩针穿过边缘的两边钩5短针，留足够的线后剪断，用于与身体连接。
用同样的方法钩另一只胳膊。

腿（2条，原白色线）
环形绕线起针。
第1圈：1锁针，6短针。
第2圈：6放针，共12针。
第3圈：（1短针、1放针）重复6次，共18针。
第4圈：（2短针、1放针）重复6次，共24针。
第5圈：（3短针、1放针）重复6次，共30针。
第6~11圈：每圈钩30短针。

第12圈：（8短针、1并针）重复3次，余27针。

第13圈：27短针。

第14圈：（7短针、1并针）重复3次，余24针。

第15圈：24短针。

第16~19圈：按照前面的规律，重复每2圈并3针，余18针。在第19圈的最后，翻转钩针，继续来回钩织（完成脚踝的形状）。

第20行：跳过1针，12短针，翻转钩针。

第21行：跳过1针，10短针，翻转钩针。

第22行：跳过1针，8短针，翻转钩针。

第23行：跳过1针，6短针，翻转钩针。

第24行：跳过1针，4短针，翻转钩针。

第25圈：跳过1针，3短针，在脚踝的一侧钩5短针，在第19圈上钩5短针，在脚踝的另一侧上钩5短针，共18针。脚部塞填充棉。

第26圈：（4短针、1并针）重复3次，共15针。

第27~56圈：每圈钩15短针。完成填充。

第57圈：（3短针、1并针）重复3次，余12针。钩1针引拔针结束。留足够的线后剪断，用于与身体连接。

用同样的方法钩另一条腿。

耳朵（2只，原白色线）

环形绕线起针。

第1圈：1锁针，6短针。

第2圈：6放针，共12针。

第3、4圈：每圈钩12短针。

第5圈：（1短针、1并针）重复4次，共8针。钩1针引拔针结束。留足够的线后剪断，用于与头部连接。

用同样的方法钩另一只耳朵。

鞋子（2只，紫色线）

环形绕线起针。

第1圈：1锁针，6短针。

第2圈：6放针，共12针。

第3圈：（1短针、1放针）重复6次，共18针。

第4圈：（2短针、1放针）重复6次，共24针。

第5圈：（3短针、1放针）重复6次，共30针。

第6~11圈：每圈钩30针。在第11圈的最后，翻转钩针，来回钩（完成脚踝的形状）。

第12行：跳过1针，22短针，翻转钩针。

第13行：跳过1针，20短针，翻转钩针。

第14行：跳过1针，18短针，翻转钩针。

第15行：跳过1针，16短针，翻转钩针。

第16行：跳过1针，14短针，翻转钩针。

第17行：跳过1针，12短针，翻转钩针。

第18行：12短针，翻转钩针。

第19行：跳过1针，10短针，翻转钩针。

第20行：10短针，翻转钩针。

第21行：跳过1针，8短针，翻转钩针。

第22行：8短针，翻转钩针。

第23行：跳过1针，6短针，翻转钩针。

第24行：跳过1针，4短针，翻转钩针。

第25圈：跳过1针，3短针，翻转钩针。在脚踝的一侧钩13短针，在第5圈上钩7短针，在脚踝的另一侧上钩13短针。

第26圈：3短针，钩12锁针形成一条链作为鞋带。留一段长线后剪断。

用同样的方法钩另一只鞋子。

头发（1顶，栗色线）
环形绕线起针。
第1圈：1锁针，6短针。
第2圈：6放针，共12针。
第3圈：（1短针、1放针）重复6次，共18针。
第4圈：（2短针、1放针）重复6次，共24针。
第5~13圈：按照前面的规律，重复每圈放6针，共78针。
第14~24圈：每圈钩78短针。
第25圈：（跳过2针，在1针上钩5长针，跳过2针，在1针上钩1短针）重复7次，35短针。钩1针引拔针结束。留足够的线后剪断，用于和头部连接。

羊角辫（2条，栗色线）
环形绕线起针。
第1圈：1锁针，6短针。
第2圈：6短针。
第3圈：1放针，5短针，共7针。
第4圈：1放针，6短针，共8针。

第5圈：1放针，7短针，共9针。
第6圈：（2短针、1放针）重复3次，共12针。
第7圈：12短针。
第8圈：（3短针、1放针）重复3次，共15针。
第9圈：（4短针、1放针）重复3次，共18针。
第10~14圈：每圈钩18短针。
第15圈：（1短针、1并针）重复6次，共12针。开始塞填充棉。
第16圈：（1短针、1并针）重复4次，余8针。钩1针引拔针结束。填充完成。留足够的线后剪断，用于和头发连接。
用同样的方法钩另一条羊角辫。

蝴蝶结（3个，浅绿色线）
钩6针锁针起针。
第1圈：在同一针上钩1锁针和2短针，钩4短针。为了钩另一侧，在最后的一针上钩4短针，再钩4短针，在最初的一针上钩1短针。
第2圈：2放针，1短针，2引拔针，4放针，1短针，2引拔针，1短针，2放针，1引拔针。剪线。
剪30cm相同颜色的线，为了收紧蝴蝶结，以蝴蝶结为中心绕圈。（注意：不要剪断剩余的线，用于和其他部位连接。）

组合
将头部和身体缝合在一起。

将珠子（眼睛）缝在脸上。
将腿和身体的末端缝在一起，将胳膊缝在身体两侧同一个高度上（与第29圈水平）。
将头发缝在头上，将耳朵缝在头部的两侧（在第23圈和第25圈之间）。参照图示。
按图示把羊角缝辫上。
给娃娃穿上鞋子，用一个隐藏的结系紧鞋带。
最后，将蝴蝶结缝在羊角辫底部和身体前面最上方的中间位置。参照图示。

蝴蝶结的图解（3个，浅绿色线）

针法说明

◀ 剪线

○ 锁针：钩针挂线，将线从线圈中拉出。

− 引拔针：钩针插入前一行针目头部的2根线中，钩针挂线并引拔出。

× 短针：钩针插入锁针的里山，针上挂线并拉出。再次挂线，从钩针上的2个线圈中引拔出。

⊷ 放针：在1个针目中钩2针短针。

赛车

材料和工具

- 棉线团（50g/165m）：赛车A用线：粉色、白色、黑色、橙色和黄色；
赛车B用线：蓝绿色、黑色和白色；赛车C用线：紫蓝色、白色、黑色、黄色、橙色和蓝绿色
- 眼睛用直径为0.4cm或0.6cm的黑色珠子
- 填充棉
- 钩针3.5/0号
- 记号环（选择使用）
- 刺绣针、缝衣针、毛线缝针、剪刀

要点

钩针针法
锁针、引拔针、短针、短针的条纹针、放针、并针。见92~94页
短针的条纹针：钩1针并针，只在后面的线环上钩。

刺绣针法
直线绣：见95页

注意：如无说明，此作品用螺旋形钩法。
窍门：为了更好地完成环形的钩织，在一圈结束时放一个记号环，然后每次移动这个环，以标明一圈的开始。

编织方法

车身（1个）
注意：这个部分从车头开始。
用粉色线（或蓝绿色线或紫蓝色线）。
钩9针锁针的起针。
第1圈：在同一针上钩1锁针和2短针，钩7短针，为了绕到另一侧，在最后一针上钩4短针，再钩7短针，在最初的一针上钩2短针，共22针。
第2圈：2放针，7短针，4放针，7短针，2放针，共30针。
第3圈：（4短针、1放针）重复6次，共36针。
第4圈：36短针。
第5圈：（5短针、1放针）重复6次，共42针。

第6~10圈：每圈钩42短针。然后钩1个车窗玻璃，为了不剪断粉色线（或蓝绿色线或紫蓝色线），用白色线钩车窗玻璃，将粉色线（或蓝绿色线或紫蓝色线）休线，随后钩以下的针法。

车窗玻璃（白色线）
注意：这个部分需要来回钩。
第1行：在第10圈的最后4针处系个结，向反方向往回钩。
第2行：1并针，11短针，向反方向往回钩，余12针。
第3行：1并针，10短针，向反方向往回钩，余11针。
第4行：1并针，9短针，向反方向往回钩，余10针。
第5行：1并针，8短针，向反方向往回钩，余9针。
第6行：1并针，7短针，向反方向往回钩，余8针。
第7行：1并针，6短针，向反方向往回钩，余7针。剪断白色线。

再用休线的粉色线（或蓝绿色线或紫蓝色线）钩织，完成车身。
第11圈：4短针，沿着一侧的白色边缘钩6短针，另一侧的白色边缘也钩6短针，顶边钩7短针，在第10圈上钩25短针，共48针。

C

A

B

第12~26圈：每圈钩48短针。
第27圈：（6短针、1并针）重复6次，余42针。
第28圈：（5短针、1并针）重复6次，余36针。开始塞填充棉（边钩边填塞）。
第29~33圈：按照前面的规律，重复每圈并6针，余6针。完成填充，留5cm线剪断，为了收紧线，将线绕回通过最后一个针圈。

注意：赛车B和赛车C，车身上的每种配色钩1~2圈。

车轮（4个）
用白色线，环形绕线起针。
第1圈：1锁针，6短针。
第2圈：6放针，共12针，剪断白色线，换黑色线钩织。
第3圈：（1短针、1放针）重复6次，共18针。
第4圈：18短针的条纹针。
第5、6圈：每圈钩18短针
第7圈：（1短针的条纹针、1短针的条纹针并针）重复6次，余12针，塞入填充棉。
第8圈：6并针。钩1针引拔针结束。留足够的线后剪断，用于和车身连接。
钩另外3个相同的车轮。

车窗上的花（1朵）
用黄色线，环形绕线起针。
第1圈：1锁针，5短针。
第2圈：5放针，共10针，剪线，换橙色线钩织。
第3圈：1锁针，（1短针、在随后的一针上钩5长针）重复5次，钩1针引拔针结束，剪线。

组合

安装车轮，前面的两个车轮和车窗平行，另外两个车轮与前面两个车轮相隔10圈左右。
将两个珠子（眼睛）缝在车窗上（如图所示）。
将花朵缝在赛车A的顶端。
赛车B，使用黑色线做直线绣绣出鼻孔和眉毛。

车身的图解 (1个车身)

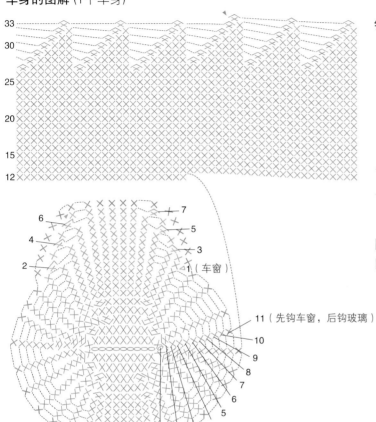

针法说明

◀ 剪线

◁ 加线

⊃ 锁针：钩针挂线，将线从线圈中拉出。

－ 引拔针：钩针插入前一行针目头部的2根线中，钩针挂线并引拔出。

× 短针：钩针插入锁针的里山，针上挂线并拉出。再次挂线，从钩针上的2个线圈中引拔出。

⤳ 放针：在1个针目中钩2针短针。

⤴ 并针：钩2针未完成的短针，钩针挂线，从针上的3个线圈中一次性引拔出。

■ 粉色（或蓝绿色或紫蓝色）

■ 白色

恐龙

材料和工具

· 棉线团（50g/105m）：恐龙A用线：浅蓝色和深蓝色；恐龙B用线：浅绿色和深绿色
· 适量黑色棉线
· 眼睛用直径为0.4cm或0.6cm的黑色珠子
· 填充棉
· 钩针3/0号或3.5/0号
· 记号环
· 刺绣针、缝衣针、毛线缝针、剪刀

要点

钩针针法
锁针、引拔针、短针、放针、并针：见93、94页

刺绣针法
直线绣：见95页

贴士：如无说明，此作品用螺旋形钩法。
窍门：为了更好地完成环形的钩织，在一圈结束时放一个记号环，然后每次移动这个环，以标明一圈的开始。

B

编织方法

头部和身体（1个，浅蓝色线或浅绿色线）

从颈部开始，然后分成两个部分（头部和身体）。
环形绕线起针。
第1圈：1锁针，6短针。
第2圈：6放针，共12针。
第3圈：（1短针、1放针）重复6次，共18针。
第4圈：（2短针、1放针）重复6次，共24针。
第5~7圈：按照前面的规律，重复每圈放6针，共42针。
第8圈：42短针。
第9圈：（6短针、1放针）重复6次，共48针。
第10~14圈：按照前面的规律，重复每2圈放6针，共60针。
第15圈：24短针，放1个记号环在随后的1针上，钩完这1圈。在记号环的地方钩1针引拔针，形成1个24针和1个36针的2个圈。
钩头部或脸部，从36针的那圈开始，如下：
第16~20圈：每圈钩36短针。
第21圈：（5短针、1放针）重复6次，共42针。
第22、23圈：每圈钩42短针。
第24圈：（6短针、1放针）重复6次，共48针。
第25~28圈：每圈钩48短针。
第29圈：（6短针、1并针）重复6次，余42针。
第30圈：42短针。

第31圈：（5短针、1并针）重复6次，余36针。
第32圈：36短针。
第33~37圈：按照前面的规律，重复每圈并6针。留5cm的线后剪断。塞入填充棉，随后为了收紧，在最后一圈上穿过那根线。

A

再回到24针的那个圈钩身体，如下：
第1~6圈：每圈钩24短针。
第7圈：（3短针、1放针）重复6次，共30针。
第8、9圈：每圈钩30短针。
第10圈：（4短针、1放针）重复6次，共36针。
第11、12圈：每圈钩36短针。

第13~29圈：按照前面的规律，重复每3圈放6针，共54针。
第30圈：（7短针、1并针）重复6次，余48针。
第31圈：48短针。
第32圈：（6短针、1并针）重复6次，余42针。
第33圈：42短针。
第34~37圈：按照前面的规律，重复每2圈并6针，余24针。塞入填充棉。
第38~40圈：按照前面的规律，每圈并6针，余6针。留5cm的线后剪断。塞入填充棉，随后为了收紧，在最后一圈上穿过那根线。

脚（2只）
用深蓝色线或深绿色线，环形绕线起针。
第1圈：1锁针，6短针。

第2圈：6放针，共12针。
第3圈：（1短针、1放针）重复6次，共18针。
第4圈：（2短针、1放针）重复6次，共24针。
第5、6圈：按照前面的规律，重复每圈放6针，共36针。
第7~10圈：每圈钩36短针。剪线，换浅蓝色线（或浅绿色线）钩织。
第11圈：（3短针、1并针）重复3次，21短针，余33针。
第12、13圈：每圈钩33短针
第14圈：（2短针、1并针）重复3次，21短针，余30针。
第15圈：30短针。
第16圈：（1短针、1并针）重复3次，21短针，余27针。
第17圈：27短针。
第18圈：3并针，21短针。余24针。
第19~24圈：每圈钩24短针。
第25圈：（2短针、1并针）重复6次，余18针，塞入填充棉。
第26、27圈：每圈钩18短针。
第28圈：（1短针、1并针）重复6次，余12针。
第29圈：6并针，余6针。留一段线后剪断。为了收紧，在最后一圈上穿过那根线。
用同样的方法钩另一只脚。

胳膊（2只，浅蓝色线或浅绿色线）
环形绕线起针。
第1圈：1锁针，6短针。
第2圈：6放针，共12针。
第3圈：（1短针、1放针）重复6次，共18针。
第4圈：（2短针、1放针）重复6次，共24针。

第5~8圈：每圈钩24针。
第9圈：（1并针、10短针）重复2次，余22针。
第10圈：22短针。
第11圈：（1并针、9短针）重复2次，余20针。
第12圈：20短针。
第13~18圈：按照前面的规律，重复每2圈并6针，余14针。
第19圈：（1并针、5短针）重复2次，余12针。用填充棉填充（不要塞得太紧）。
第20圈：压扁边缘，同时用钩针穿过边缘的两边钩6短针，留足够的线后剪断，用于与身体连接。
用同样的方法钩另一只胳膊。

尾巴（1条，浅蓝色线或浅绿色线）
环形绕线起针。
第1圈：1锁针，6短针。
第2圈：（1短针、1放针）重复3次，共9针。
第3圈：（2短针、1放针）重复3次，共12针。
第4、5圈：每圈钩12短针。
第6圈：（1短针、1放针）重复6次，共18针。
第7~9圈：每圈钩18短针。
第10圈：（2短针、1放针）重复6次，共24针。
第11~13圈：每圈钩24短针。

第14圈：6放针，18短针，共30针。
第15~17圈：每圈钩30短针。钩1针引拔针结束。留足够的线后剪断，用于与身体连接。

组合

将尾巴缝在身体背部下方，脚缝在后背两侧。胳膊缝在身体最上方。缝上珠子（眼睛）。
用黑色棉线做直线绣绣出鼻子和嘴巴，详见图示。

脊椎骨（1个，深蓝色线或深绿色线）
从尾巴的尖端向头部钩织，系线，1锁针，重复（1短针、跳过2针，在随后一针上钩1针、跳过2针）。剪线。

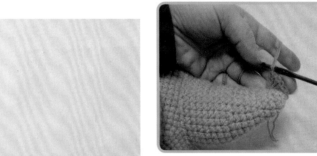

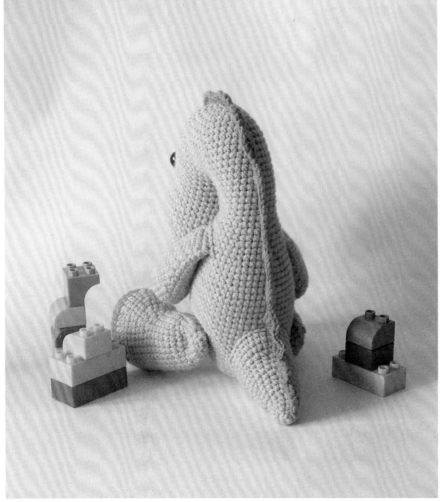

小狗

材料和工具

- 棉线团（100g/210m）：小狗A用线：玫瑰红色、薰衣草色、紫色；小狗B用线：茴香绿色、灰色、青绿色；
  小狗C用线：栗色、米色、青绿色、红色；小狗D用线：薰衣草色、茴香绿色、青绿色、黄色、红色、绿色、
  浅绿色、深红色、深绿色；小狗E用线：栗色、乳白色、深红色、青绿色、深蓝色
- 眼睛用直径为0.4cm或0.6cm的黑色珠子
- 填充棉
- 钩针4/0号
- 记号环（选择使用）
- 刺绣针、缝衣针、毛线缝针、剪刀

要点

钩针针法
锁针、引拔针、短针、放针、并针：见93、
94页

刺绣针法
直线绣：见95页

贴士：如无说明，此作品用螺旋形钩法。
窍门：为了更好地完成环形钩织，在一圈
结束时放一个记号环，然后每次移动这个
环，以标明一圈的开始。

编织方法

注意：这里用小狗A为示范来讲解。
头部（1个）
用玫瑰红色线，环形绕线起针。
第1圈：1锁针，6短针。
第2圈：6放针，共12针。
第3圈：（1短针、1放针）重复6次，共
18针。
第4圈：（2短针、1放针）重复6次，共
24针。
第5~8圈：按照前面的规律，重复每圈放
6针，共48针。
第9~11圈：48短针，剪线，换薰衣草色
线钩织。
第12~15圈：每圈钩48短针。
第16圈：（6短针、1并针）重复6次，余
42针。

A

第17~19圈：每圈钩42短针。
第20圈：（5短针、1并针）重复6次，余
36针。
第21~23圈：每圈钩36短针。
第24圈：（4短针、1并针）重复6次，余
30针。
第25圈：30短针。
第27圈：（3短针、1并针）重复6次，余
24针。
第28圈：（2短针、1并针）重复6次，余
18针，塞入填充棉。
第29圈：（1短针、1并针）重复6次，余
12针。

第30圈：6并针，共6针。剪线，为了收
紧，在最后一圈上穿过那根线。

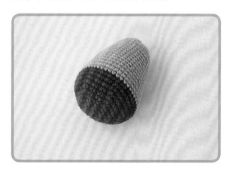

B

C

D

E

眼斑（1个，玫瑰红色线）
环形绕线起针。
第1圈：1锁针，6短针。
第2圈：6放针，共12针。
第3圈：12放针，共24针。
第4圈：24短针。钩1针引拔针结束。留足够的线后剪断，用于与头部连接。

身体（1个）
用薰衣草色线，环形绕线起针。
第1圈：1锁针，6短针。
第2圈：6放针，共12针。
第3圈：（1短针、1放针）重复6次，共18针。
第4圈：（2短针、1放针）重复6次，共24针。
第5~7圈：按照前面的规律，重复每圈放6针，共42针。换紫色线钩织。
第8~10圈：每圈钩42短针。换薰衣草色线钩织。
第11~13圈：每圈钩42短针，换玫瑰红色线钩织。
第14、15圈：每圈钩42短针。
第16圈：（5短针、1并针）重复6次，余36针，换薰衣草色线钩织。
第17~19圈：每圈钩36短针，换紫色线钩织。
第20圈：（4短针、1并针）重复6次，余30针。

第21、22圈：每圈钩30短针。剪断紫色线，换薰衣草色线钩织。
第23圈：30短针。
第24圈：（3短针、1并针）重复6次，共24针。
第25圈：24针，换玫瑰红色线钩织。
第26、27圈：每圈钩24短针。
第28圈：（2短针、1并针）重复6次，共18针，剪断玫瑰红色线，换薰衣草色线钩织。
第29~32圈：每圈钩18短针，塞入填充棉。钩1针引拔针结束。留足够的线后剪断，用于和头部连接。

胳膊（2只）
用紫色线，环形绕线起针。
第1圈：1锁针，6短针。
第2圈：6放针，共12针。
第3圈：（1短针、1放针）重复6次，共18针。
第4~6圈：每圈钩18短针。
第7圈：（1短针、1并针）重复6次，共12针。
第8圈：（1并针、4短针）重复2次，共10针，剪断紫色线，开始填充（不要塞得太紧），换薰衣草色线钩织。
第9~25圈：每圈钩10短针。
第26圈：压扁边缘，同时用钩针穿过边缘的两边钩5短针，留足够的线后剪断，用于与身体连接。
用同样的方法钩另一只胳膊。

腿（2条）
用紫色线，环形绕线起针。
第1圈：1锁针，6短针。
第2圈：6放针，共12针。
第3圈：（1短针、1放针）重复6次，共18针。
第4圈：（2短针、1放针）重复6次，共24针。

第5~7圈：每圈钩24短针。
第8圈：（2短针、1并针）重复6次，余18针。
第9圈：（1短针、1并针）重复6次，余12针。
第10圈：（1并针、4短针）重复2次，余10针，剪断紫色线，开始塞填充棉（不要塞得太紧），换薰衣草色线钩织。
第11~25圈：每圈钩10短针。钩1针引拔针结束。留足够的线后剪断，用于和胳膊连接。
用同样的方法钩另一条腿。

耳朵（2只，紫色线）
环形绕线起针。
第1圈：1锁针，6短针。
第2圈：6放针，共12针。
第3圈：（1短针、1放针）重复6次，共18针。
第4圈：（2短针、1放针）重复6次，共24针。
第5~9圈：每圈钩24短针。
第10圈：（1并针、4短针）重复4次，共20针。
第11~15圈：每圈钩20短针。
第16圈：（1并针、3短针）重复4次，余16针。
第17、18圈：每圈钩16短针。
第19圈：（1并针、4短针）重复4次，余

12针。
第20圈：12短针。
第21圈：压扁边缘，同时用钩针穿过边缘的两边钩6短针，留足够的线后剪断，用于与头部连接。
用同样的方法钩另一只耳朵。

尾巴（1条，紫色线）
环形绕线起针。
第1圈：1锁针，6短针。
第2圈：6短针。
第3圈：1放针，5短针，共7针。
第4圈：7短针。
第5圈：1放针，6短针，共8针。
第6圈：8短针。
第7~14圈：按照前面的规律，重复每2圈放1针，共12针。钩1针引拔针结束。塞入填充棉（不要塞得太紧）。留足够的线后剪断，用于与身体连接。

组合

将头和身体缝在一起。

随后缝上胳膊、腿和尾巴。

将眼斑和耳朵缝在头部。
将珠子（眼睛）缝上。
用直线绣绣鼻子（4针或5针的高度）。

狗狗麦克斯

材料和工具

- 美利奴羊毛线团（100g/280m）：带斑点的栗色、深栗色；羊毛线团（100g/200m）：橙色和米色；棉线团（50g/165m）：原白色
- 眼睛用直径为0.4cm或0.6cm的黑色珠子
- 一颗大纽扣
- 填充棉
- 钩针3/0号、3.5/0号和5/0号
- 记号环（选择使用）
- 刺绣针、缝衣针、毛线缝针、剪刀

要点

钩针针法
锁针、引拔针、短针、放针、并针、短针的条纹针：见92~94页

刺绣针法
直线绣：见95页

贴士：如无说明，此作品用螺旋形钩法。

窍门：为了更好地完成环形的钩织，在一圈结束时放一个记号环，然后每次移动这个环，以标明一圈的开始。

编织方法

头部（1个，带斑点的栗色线）
用钩针3.5/0号，环形绕线起针。
第1圈：1锁针，6短针。
第2圈：6放针，共12针。
第3圈：（1短针、1放针）重复6次，共18针。
第4圈：（2短针、1放针）重复6次，共24针。
第5~11圈：按照前面的规律，重复每圈放6针，共66针。
第12~26圈：每圈钩66短针，塞入填充棉（边钩边填塞）。
第27圈：（9短针、1并针）重复6次，余60针。

第28圈：（8短针、1并针）重复6次，余54针。
第29~33圈：按照前面的规律，重复每圈并6针，余24针。钩1针引拔针结束。留5cm长的线后剪断。完成填充。

身体（1个，带斑点的栗色线）
用钩针3.5/0号，环形绕线起针。
第1圈：1锁针，6短针。
第2圈：6放针，共12针。
第3圈：（1短针、1放针）重复6次，共18针。
第4圈：（2短针、1放针）重复6次，共24针。
第5~10圈：按照前面的规律，重复每圈放6针，共60针。
第11~16圈：每圈钩60短针。
第17圈：（8短针、1并针）重复6次，余54针。
第18、19圈：每圈钩54针。
第20圈：（7短针、1并针）重复6次，余48针。
第21、22圈：每圈钩48针。
第23圈：（6短针、1并针）重复6次，共42针。
第24~28圈：每圈钩42针。
第29圈：（12短针、1并针）重复3次，余39针。塞入填充棉（边钩边填塞）。
第30~32圈：每圈钩48针。
第33圈：（11短针、1并针）重复3次，余36针。
第34、35圈：每圈钩36短针。
第36圈：（4短针、1并针）重复6次，余30针。
第37圈：（3短针、1并针）重复6次，余24针。

第38~40圈：每圈钩24短针。钩1针引拔针结束。完成填充。留足够的线后剪断，用于连接其他部位。

胳膊（2只，带斑点的栗色线）
用钩针3.5/0号，环形绕线起针。
第1圈：1锁针，6短针。
第2圈：6放针，共12针。
第3圈：（1短针、1放针）重复6次，共18针。
第4圈：（2短针、1放针）重复6次，共24针。
第5~7圈：每圈钩24短针。
第8圈：（6短针、1并针）重复3次，余21针。
第9圈：（5短针、1并针）重复3次，余18针。
第10圈：（4短针、1并针）重复3次，余15针。
第11圈：15短针。
第12圈：1并针，13短针，余14针。
第13圈：14短针。
第14圈：1并针，12短针，余13针。
第15圈：13短针。
第16圈：1并针，11短针，余12针。塞入填充棉（边钩边填塞）。
第17~29圈：每圈钩12短针。

第30圈：（1并针、4短针）重复2次，余10针。
第31圈：10短针，钩1针引拔针结束。留足够的线后剪断，用于与身体连接。
用同样的方法钩另一只胳膊。

脚（2只）
用深栗色线、钩针3.5/0号，环形绕线起针。
第1圈：1锁针，6短针。
第2圈：6放针，共12针。
第3圈：（1短针、1放针）重复6次，共18针。
第4圈：（2短针、1放针）重复6次，共24针。
第5圈：（3短针、1放针）重复6次，共30针。
第6圈：（2短针、1放针）重复10次，共40针。剪线，换带斑点的栗色线钩织。
第7圈：40短针的条纹针。
第8~11圈：每圈钩40短针。
第12圈：（3短针、1并针）重复4次，20短针，余36针。
第13圈：（2短针、1并针）重复4次，20短针，余32针。
第14圈：（1短针、1并针）重复4次，20短针，余28针。
第15圈：4并针，20短针，余24针。
第16圈：（2短针、1并针）重复6次，余18针。开始塞填充棉（边钩边填塞）。
第17圈：（4短针、1并针）重复3次，余15针。
第18~42圈：每圈钩15短针。完成填充。
第43圈：（3短针、1并针）重复3次，余12针。钩1针引拔针结束。留足够的线后剪断，用于与身体连接。
用同样的方法钩另一只脚。

耳朵（2只，深栗色线）
用钩针3.5/0号，环形绕线起针。
第1圈：1锁针，6短针。
第2圈：6放针，共12针。
第3圈：（1短针、1放针）重复6次，共18针。
第4圈：（2短针、1放针）重复6次，共24针。
第5圈：（3短针、1放针）重复6次，共30针。
第6~10圈：每圈钩30短针。
第11圈：（3短针、1并针）重复6次，余24针。
第12~13圈：每圈钩24短针。
第14圈：（4短针、1并针）重复4次，余20针。
第15~17圈：每圈钩20短针。
第18圈：（3短针、1并针）重复4次，余16针。
第19~21圈：每圈钩16短针。钩1针引拔针结束。留足够的线后剪断，用于与头部连接。
用同样的方法钩另一只耳朵。

嘴（1张，原白色线）
用钩针3/0号，环形绕线起针。
第1圈：1锁针，6短针。
第2圈：6放针，共12针。
第3圈：12放针，共24针。
第4圈：24短针。
第5圈：（1短针、1放针）重复12次，共36针。
第6圈：36针。
第7圈：（2短针、1放针）重复12次，共48针。
第8~11圈：每圈钩48短针。钩1针引拔针结束。留足够的线后剪断，用于与头部连接。

裤子（1条，橙色线）
注意：根据尺寸的大小开始钩织。
使用钩针5/0号，钩48针锁针起针，钩1针引拔针连成环。
第1圈：1锁针，48短针。
第2~13圈：每圈钩48短针（在钩最后一圈时，在当中放一个记号环）为了形成2个24针的环形，在中间钩1引拔针。

鼻子（1个，深栗色线）
钩3针锁针起针。
第1圈：在同一针上钩1锁针和2短针，1短针，为了钩另一边，在最后一针上钩4短针，再钩1短针，在开始的一针上钩2短针。共10短针。
第2圈：2放针，1短针，4放针，1短针，2放针，共18针。
第3圈：（2短针、1放针）重复6次，共24针。钩1针引拔针结束。留足够的线后剪断，用于与嘴连接。

然后分别钩织这2个环形（裤腿）：
第1条裤腿：第14~18圈：每圈钩24短针，钩1针引拔针结束，剪线。
第2条裤腿：用同样的方法钩织。

钩织背带，将适当长度的线系在后部中间，用这条线钩48短针。随后钩背带，钩48锁针，跳过12针（从钩开始计算），钩36引拔针。剪线。在裤子前面缝1颗纽扣（如图所示）。

围巾（1条，米色线）
注意：需要来回钩织。
用钩针5/0号，钩3针锁针起针。
第1行：1锁针，3短针。翻转钩针。
第2~30行：1锁针，3短针的条纹针。剪线。

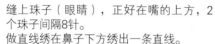

缝上珠子（眼睛），正好在嘴的上方，2个珠子间隔8针。
做直线绣在鼻子下方绣出一条直线。

将胳膊（在第36圈和第37圈之间）和脚分别缝在身体两侧。给小狗穿上裤子系好背带。

组合

将头缝在身上。将耳朵缝在头的顶部（在第12圈和第13圈之间），将嘴巴塞入填充棉，缝在头的中间，鼻子缝在嘴的中间。（如图所示）

鼻子的图解（x1，深栗色线）

◀ 剪线

◦ **锁针**：钩针挂线，将线从线圈中拉出。

- **引拔针**：钩针插入前一行针目头部的2根线中，钩针挂线并引拔出。

× **短针**：钩针插入锁针的里山，针上挂线并拉出。再次挂线，从钩针上的2个线圈中引拔出。

✿ **放针**：在1个针目中钩2针短针。

悠闲的
三胞胎姐妹

C   B   A

材料和工具

- 棉线团（50g/165m）：娃娃A用线：灰色、白色、红色、蓝色、栗色和米色；娃娃B用线：灰色、浅黄色、黄色、薰衣草色、紫色、栗色、白色和米色；娃娃C用线：黑色、原白色、红色、浅灰色、灰色、蓝色和米色
- 眼睛用直径为0.4cm或0.6cm的黑色珠子
- 1颗头花用的纽扣（B）
- 娃娃衣服上的纽扣6颗
- 填充棉
- 钩针2.5/0号或3/0号和3.5/0号
- 记号环（选择使用）
- 缝衣针、毛线缝针、剪刀

要点

钩针针法

锁针、引拔针、短针、放针、并针、短针的条纹针、长针：见92~94页

贴士：如无说明，此作品用螺旋形钩法。
窍门：为了更好地完成环形的钩织，在一圈结束时放一个记号环，然后每次移动这个环，以标明一圈的开始。

编织方法

贴士：必须先钩胳膊，再钩身体，因为胳膊将在后面被连在身体上部一起钩织。

胳膊（2只，2.5/0号钩针）
环形绕线起针。
第1圈：1锁针，6短针。
第2圈：6放针，共12针。
第3~5圈：每圈钩12短针。
第6圈：（1短针、1并针）重复4次，共8针。
第7圈：8短针，塞入填充棉（边钩边填塞）。剪线，换另一种颜色的线钩织。

第8~27圈：每圈钩8短针。
第28圈：压扁边缘，同时用钩针穿过边缘的两边钩4针短针，留足够的线后剪断。

用同样的方法钩另一只胳膊。

腿、身体和头（1个、2.5/0号钩针）
注意：不要忘了陆续在这几个部位塞入填充棉。

第1条腿： 用灰色线（灰色线或黑色线）环形绕线起针。

第1圈：1锁针，6短针。

第2圈：6放针，共12针。

第3圈：（1短针、1放针）重复6次，共18针。

第4~8圈：每圈钩18短针，在第8圈的最后翻转方向来回钩织。

第9行：（脚踝）跳过1针，12短针，翻转方向往回钩，余12针。

第10行：跳过1针，10短针，翻转方向往回钩，余10针。

第11行：跳过1针，8短针，翻转方向往回钩，余8针。

第12行：跳过1针，6短针，翻转方向往回钩，余6针。

第13行：跳过1针，4短针，翻转方向往回钩，余4针。

第14行：3短针，在脚踝的一侧钩5短针，在第8圈上钩5短针，在脚踝的另一侧上钩5短针，共18针。

第15圈：（1短针、1并针）重复6次，余12针。

第16~21圈：每圈钩12短针，剪线后换白色线（黄色线或原白色线）钩织。

第22~41圈：每圈钩12短针，交替钩2圈白色线（黄色线或原白色线）2圈红色线（浅黄色线或红色线），剪线。

第2条腿：
和第1条腿一样，但是不要剪线。

身体： 第42圈：在第1条腿上钩12短针，6锁针，在第2条腿上钩12短针。

第43圈：12短针，在两腿之间的前面锁针上钩6短针、12短针，在两腿之间的后面锁针上钩6短针，一共36针。

第44圈：（5短针、1放针）重复6次，共42针。

第45~53圈：每圈钩42短针，剪线换蓝色线（薰衣草色线或浅灰色线）钩织。

第54圈：42短针。

第55圈：42短针的条纹针，（凸起的部位用来钩裙子）。

第56~63圈：每圈钩42短针。

第64圈：（5短针、1并针）重复6次，余36针。

第65、66圈：每圈钩36短针，同时把手臂的最后一圈一起钩上（手臂在身体的两侧，如图所示）。

第67圈：（4短针、1并针）重复6次，共30针，剪线，换米色线钩织。

头部：第68圈：30短针的条纹针（凸起部位用来钩衣领）。

第69、70圈：每圈钩30短针。

第71圈：（4短针、1放针）重复6次，余36针。

第72~79圈：每圈钩36短针。

第80圈：（4短针、1并针）重复6次，余30针。

第81圈：（3短针、1并针）重复6次，余24针。

第82、84圈：按照以上规律，继续每圈并6针，余6针，完成填充。留5cm的线后剪断，穿过线环收紧线。

裙子（1条、3.5/0号钩针）

第1圈：在身体的第55圈短针的条纹针上钩42短针。

第2圈：（6短针、1放针）重复6次，共48针。

第3圈：（3短针、1放针）重复12次，共60针。

第4~9圈：每圈钩60短针。

第10圈：（跳过2针，在随后的一针上钩7长针，跳过2针，1短针）重复10次，钩1针引拔针结束，剪线，换白色线（紫色线或深灰色线）钩织，如下：

第11圈（衬裙）：在第10圈的根部，由内向外钩1短针，重复60次，并让它位于外裙的后面。

第12圈：60短针。

第13圈：（跳过2针，在随后的一针上钩7长针、跳过2针、1短针）重复10次，钩1针引拔针结束，剪线。

衣领（1个，白色线或深灰色线）

第1行：22锁针（第1根细绳），然后在身体第68圈短针的条纹针上钩，如下：在前面的中间钩1短针，在随后的一针上钩4长针，26长针，在随后的一针上钩4长针，1短针和22锁针（第2根细绳），剪线。

头发（1顶，栗色线或黑色线）

环形绕线起针。

第1圈：1锁针，6短针。

第2圈：6放针，共12针。

第3圈：（1短针、1放针）重复6次，共18针。

第4圈：（2短针、1放针）重复6次，共24针。

第5圈：（3短针、1放针）重复6次，共30针。

第6、7圈：每圈钩30短针，1引拔针，翻转方向往回钩。

第8行：（刘海）：18短针，1引拔针，翻转方向往回钩。

第9行：19短针，1引拔针，翻转方向往回钩。

第10行：20短针，1引拔针，翻转方向往回钩。

第11行：21短针，1引拔针，翻转方向往回钩。

第12圈：在头发的四周每针上钩1短针。钩1针引拔针结束，留足够的线后剪断。

娃娃A和B的丸子辫（2条，栗色线）

环形绕线起针。

第1圈：1锁针，6短针。

第2圈：6放针，共12针。

第3圈：（1短针、1放针）重复6次，共18针。

第4圈：（2短针、1放针）重复6次，共24针。

第5、6圈：每圈钩24短针。

第7圈：（2短针、1并针）重复6次，余18针，开始塞填充棉（边钩边填塞）。

第8圈：（1短针、1并针）重复6次，余12针。

第9圈：6并针，余6针。完成填充，留足够的线后剪断，穿过线环收紧线。

用同样的方法钩另一条辫子。

娃娃A和C的贝雷帽（1顶，蓝色线和红色线）

贴士：从第1圈到第5圈将所有的第1针长针换成3锁针，在开始的3锁针的第3针上钩1针引拔针结束此圈。

环形绕线起针。

第1圈：12长针，共12针。

第2圈：（在随后的1针上钩2长针）重复12次，共24针。

第3圈：（1长针、在随后的1针上钩2长针）重复12次，共36针。

第4、5圈：每圈钩36长针。

第6圈：1锁针，（4短针、1并针）重复6次，在开始的锁针上钩1针引拔针结束此圈，余30针，剪线。

头花（娃娃B，1个）

环形绕线起针。

第1圈：1锁针、10短针，在开始的锁针上钩1针引拔针结束此圈。

第2圈：1锁针，（1短针、在随后的1针上钩3长针）重复5次，在开始的锁针上钩1针引拔针结束此圈。剪线。

组合

在头顶缝上头发（将刘海放在左侧或右侧），将娃娃A和B的辫子固定在头的两侧，娃娃C用黑色线编2条辫子固定在头的两侧。

给娃娃A和C戴上贝雷帽，娃娃B的头花用纽扣固定在中间。

3个娃娃都缝上珠子（眼睛）、缝上衣领前面中间的2颗纽扣，将领子的细绳打结。

用橙色线（或红色线）在娃娃A和B的鞋子上穿成鞋带的样子。

小象

材料和工具

- 棉线团（100g/210m）：灰色、白色、浅蓝色和绿松石色
- 一点黑色的棉线（用于眉毛）
- 眼睛用直径为0.4cm或0.6cm的黑色珠子
- 填充棉
- 钩针3.5/0号或4/0号
- 记号环（选择使用）
- 刺绣针、缝衣针、毛线缝针、剪刀

要点

钩针针法
锁针、引拔针、短针、放针、并针、短针的条纹针：见92~94页

刺绣针法
直线绣：见95页

贴士：如无说明，此作品用螺旋形钩法。
窍门：为了更好地完成环形钩织，在一圈结束时放一个记号环，然后每次移动这个环，以标明一圈的开始。

编织方法

头部（1个）
用浅蓝色线，环形绕线起针。
第1圈：1锁针，6短针。
第2圈：6放针，共12针。
第3圈：12放针，共24针。
第4圈：24短针，剪线，换灰色线钩织。

第5圈：24短针的条纹针。

第6圈：（1短针、1并针）重复6次，余18针。
第7~9圈：每圈钩18短针。
第10圈：(5短针、1放针)重复3次，共21针。
第11~13圈：每圈钩21短针。
第14圈：（6短针、1放针）重复3次，共24针。
第15~17圈：每圈钩24短针。
第18圈：(7短针、1放针)重复3次，共27针。
第19圈：27短针，开始塞填充棉（边钩边填塞）。
第20圈：（8短针、1放针）重复3次，共30针。
第21圈：（4短针、1放针）重复6次，共36针。
第22圈：12短针，（1短针、1放针）重复6次，12短针，共42针。
第23圈：42短针。
第24圈：（6短针、1放针）重复6次，共48针。
第25圈：48短针。

第26圈：（7短针、1放针）重复6次，共54针。
第27~37圈：每圈钩54短针。
第38圈：(7短针、1并针)重复6次，余48针。
第39圈：（6短针、1并针）重复6次，余42针。
第40~45圈：按照前面的规律，重复每圈并6针，完成填充。留5cm的线后剪断，用于收紧最后一圈。

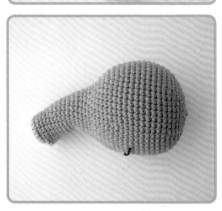

身体（1个）

用绿松石色线，环形绕线起针。

第1圈：1锁针，6短针。

第2圈：6放针，共12针。

第3圈：（1短针、1放针）重复6次，共18针。

第4圈：（2短针、1放针）重复6次，共24针。

第5~9圈：按照前面的规律，重复每圈放6针，共42针。

第10~12圈：每圈钩54短针。

换白色线。

第13~15圈：每圈钩54短针。

换浅蓝色线。

第16圈：（7短针、1并针）重复6次，余48针。

第17、18圈：48短针，开始填充棉（边钩边填塞）。

换白色线。

第19圈：（6短针、1并针）重复6次，余42针。

第20、21圈：每圈钩42短针。

换绿松石色线。

第22圈：42短针。

第23圈：（5短针、1并针）重复6次，余36针。

第24圈：36短针，剪断绿松石色线，换白色线钩织。

第25、26圈：每圈钩36短针。

第27圈：（4短针、1并针）重复6次，余30针，换浅蓝色线钩织。

第28、29圈：每圈钩30短针。

第30圈：（3短针、1并针）重复6次，余24针。剪断浅蓝色线，换白色线继续钩织。

第31、32圈：每圈钩24短针。钩1针引拔针结束，完成填充，留足够的线后剪断。

胳膊（2只）

用浅蓝色线，环形绕线起针。

第1圈：1锁针，6短针。

第2圈：6放针，共12针。

第3圈：12放针，共24针。

第4圈：24短针，换灰色线继续钩织。

第5圈：24短针的条纹针。

第6~8圈：每圈钩24短针。剪断灰色线，换白色线继续钩织，开始塞填充棉（边钩边填塞）。

第9圈：24短针。

第10圈：（6短针、1并针）重复3次，余21针。

第11圈：21短针，换浅蓝色线继续钩织。

第12、13圈：每圈钩21短针。

第14圈：（5短针、1并针）重复3次，余18针，换白色线继续钩织。

第15~17圈：每圈钩18短针，换绿松石色线继续钩织。

第18圈：（4短针、1并针）重复3次，余15针。

第19~20圈：每圈钩15短针，剪断绿松石色线，换白色线继续钩织。

第21圈：（3短针、1并针）重复3次，余12针。

第22、23圈：每圈钩12短针，在填平这一圈时结束填充，剪断白色线换浅蓝色线完成。

第24圈：（1并针、4短针）重复2次，余10针。

第25圈：10短针，钩1针引拔针结束，留足够的线后剪断。

用同样的方法钩织另一只胳膊。

腿（2条）

用浅蓝色线，环形绕线起针。

第1圈：1锁针，6短针。

第2圈：6放针，共12针。

第3圈：12放针，共24针。

第4圈：24短针，剪断浅蓝色线，换灰色线继续钩织。

第5圈：24短针的条纹针。
第6~8圈：每圈钩24短针，剪断灰色线，换绿松石色线完成，开始塞填充棉（边钩边填塞）。
第9圈：24短针。
第10圈：（6短针、1并针）重复3次，余21针。
第11~13圈：每圈钩21短针。
第14圈：（5短针、1并针）重复3次，余18针。
第15~17圈：每圈钩18短针。
第18圈：（4短针、1并针）重复3次，余15针。
第19、20圈：每圈钩15短针。
第21圈：（3短针、1并针）重复3次，余12针。
第22、23圈：每圈钩12短针。
第24圈：（1并针、4短针）重复2次，余10针，完成填充。
第25圈：10短针。钩1针引拔针结束，留足够的线后剪断。
用同样的方法钩织另一条腿。

耳朵（2只）
每只耳朵分内耳和外耳两个部分。
内耳：用浅蓝色线，环形绕线起针。
第1圈：1锁针，6短针。
第2圈：6放针，共12针。
第3圈：12放针，共24针。
第4圈：24短针。
第5圈：（1短针、1放针）重复12次，共36针。
第6圈：36短针。钩1引拔针结束。
外耳：用灰色线，钩织方法同内耳，但不剪断线，随后钩下面一圈时将内耳重叠在其上，背面相对，然后在重叠的部分上钩织，如下：
第7圈：（5短针、1放针）重复6次，共42针。

最后，不要剪线，将重叠在一起的耳朵折叠起来，（内耳朝向里面）钩3短针，留足够的线后剪断。
用同样的方法钩另一只耳朵。

眼睛（2只，白色线）
环形绕线起针。
第1圈：1锁针，6短针。
第2圈：6放针，共12针，以1引拔针结束，剪线。
用同样的方法钩织另一只眼睛。

尾巴（1条，灰色线）
钩7针锁针起针。
第1行：1锁针，7短针，剪线。钩尾巴的最末端时剪断几厘米的蓝色、灰色和绿松石色线，把这些线对折，固定在尾巴梢上。

组合

把头的颈部缝在身体上，将胳膊缝在身体两侧的同一颜色的水平线上。将腿缝在身体的后面（与第10圈水平），将尾巴缝在背后。
缝上耳朵。
将两只黑色珠子（眼睛）缝在脸的中部（如图所示）。
最后用黑色棉线做直线绣绣出眉毛。

漂亮的玛丽、阿德里娜、艾米丽

难度
:)

材料和工具

- 棉线团（50g/165m）玛丽用线：暗红色、深蓝色、红色、浅蓝色、绿松石色和白色；艾米丽用线：红色、绿松石色、浅绿色、紫色、珊瑚色、黄色、白色、黑色和栗色；有打底裤的阿德里娜（A）用线：暗红色、绿松石色、珊瑚色、紫色、茴香绿色和米色；无打底裤的阿德里娜（B）用线：深蓝色、茴香绿色、珊瑚色、薰衣草色和奶油色
- 眼睛用直径为0.4cm或0.6cm的黑色珠子
- 娃娃衣服上的纽扣8颗
- 填充棉
- 钩针2.5/0号或3/0号
- 记号环（选择使用）
- 刺绣针、缝衣针、毛线缝针、剪刀

要点

钩针针法
锁针、引拔针、短针、放针、并针、短针的条纹针、长针：见92~94页

刺绣针法
直线绣：见95页

贴士：如无说明，此作品用螺旋形钩法。
窍门：为了更好地完成环形钩织，在一圈结束时放一个记号环，然后每次移动这个环，以标明一圈的开始。

编织方法

窍门：以下的每个颜色排序分别是：玛丽、艾米丽、有打底裤的阿德里娜、无打底裤的阿德里娜。

头（1个，白色线、栗色线、米色线、奶油色线）
环形绕线起针。
第1圈：1锁针，6短针。
第2圈：6放针，共12针。
第3圈：（1短针、1放针）重复6次，共18针。
第4圈：(2短针、1放针)重复6次，共24针。
第5~11圈：按照前面的规律，重复每圈放6针，共66针。
第12~21圈：每圈钩66短针。开始塞填充棉（边钩边填塞）。
第22圈：（9短针、1并针）重复6次，余60针。
第23圈：（8短针、1并针）重复6次，余54针。
第24~28圈：按照前面的规律，重复每圈并6针，余24针。钩1针引拔针结束，完成填充。

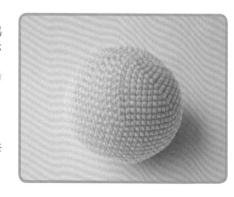

胳膊（2只，白色线、栗色线、米色线、奶油色线）
环形绕线起针。
第1圈：1锁针，6短针。
第2圈：6放针，共12针。
第3圈：（1短针、1放针）重复6次，共18针。
第4~6圈：每圈钩18短针。
第7圈：4并针，10短针，余14针。
第8圈：2并针，10短针，余12针。开始塞填充棉（边钩边填塞）。
第9~28圈：每圈钩12短针。
第29行（肩）：翻转方向往回钩，跳过1针，钩8短针。
第30行：翻转方向往回钩，跳过1针，钩6短针。
第31行：翻转方向往回钩，跳过1针，钩4短针。

阿德里娜

B

艾米丽

阿德里娜

A

玛丽

53

第32行：翻转方向往回钩，跳过1针，钩3短针。在肩的一侧钩3短针，在第28行上钩3短针，在肩的另一侧钩3短针，以1针引拔针结束，完成填充。留足够的线后剪断。

用同样的方法钩另一只胳膊。

腿和身体（1个）

注意：

第1条腿： 用白色线（栗色线、米色线、奶油色线）环形绕线起针。

第1圈：1锁针（起立针），6短针。

第2圈：6放针，共12针。

第3圈：（1短针、1放针）重复6次，共18针。

第4圈：（2短针、1放针）重复6次，共24针。

第5圈：（3短针、1放针）重复6次，共30针。

第6~10圈：每圈钩30短针。开始塞填充棉（边钩边填塞）。

第11圈：5短针，1并针，（4短针、1并针）重复3次，5短针，余26针。

第12圈：26短针。

第13圈：4短针，1并针，（3短针、1并针）重复3次，5短针，余22针。

第14圈：22短针。

第15圈：3短针，1并针，（2短针、1并针）重复3次，5短针，余18针。

第16~18圈：每圈钩18短针。

第19圈：（4短针、1并针）重复3次，余15针。

第20~24圈：每圈钩15短针。玛丽换深蓝色线继续钩；有打底裤的阿德里娜换紫色线钩织，另外两个娃娃不换线。

第25~36圈：每圈钩15短针。注意，钩有打底裤的阿德里娜在钩第25圈时用短针的条纹针钩织。（注意：短针的条纹针空余的那根线用来挑针钩打底裤。）

第37圈：（4短针、1放针）重复3次，余18针。

第38、39圈：每圈钩18短针。

第40圈：（1放针、8短针）重复2次，余20针。

第41、42圈：每圈钩20短针，完成填充，然后剪线。

第2条腿： 钩织方法和第1条腿同。但是，钩艾米丽时剪线，换绿松石色线钩织；钩没有打底裤的阿德里娜时剪线，换茴香绿色线钩织；其余两个娃娃的腿不要剪线

身体： 第43圈：压扁第1条腿的上端，同时用钩针穿过压扁的两边钩10短针，8锁针，随后压扁第2条腿的上端，钩10短针，余28针。

第44圈：先钩28短针在第43圈的前面，在第43圈线环的后面再钩28短针，共56针。

第45~52圈：每圈钩56短针。（注意：钩艾米丽时用短针的条纹针钩第49、52、55和58圈），在钩第52圈之后，钩玛丽时换浅蓝色线继续钩织，钩有打底裤的阿德里娜时换茴香绿色线继续钩织，钩其余两个娃娃的身体时用同样的线继续钩织。

第53圈：56短针的条纹针。除了艾米丽，开始塞填充棉，填充到第53圈（边钩边填塞）。

第54圈：（1并针、12短针）重复4次，余52针。

第55~57圈：每圈钩52短针。

第58圈：（1并针、11短针）重复4次，余48针。

第59~61圈：每圈钩48短针。

第62~75圈：继续每4圈并4针，重复2次。然后每3圈并4针，重复2次，余32针。

第76圈：（1并针、6短针）重复4次，余28针。

第77圈：28短针。

第78圈：（1并针、5短针）重复4次，余24针。钩玛丽时用白色线继续，钩艾米丽时用栗色线继续，钩另外两个阿德里娜时，使用米色线、奶油色线继续。

第79圈：24短针的条纹针。（注意：在短针的条纹针的线环上突出颜色。）

第80、81圈：每圈钩24短针。完成填充，钩1针引拔针结束。留足够的线后剪断，用于和头部连接。

阿德里娜的打底裤折边（2个，紫色线）

第1圈：在第1条腿的第25圈短针的条纹针的线环上钩1放针、13短针、1放针。

第2圈：17短针。钩1针引拔针结束，剪线。

在第2条腿上钩另一个相同的折边。

荷叶边裙

第1圈：在身体相应短针的条纹针部位的那一圈，每个线环钩1短针。

第2圈：在第1圈的每1针上钩2长针。（用3锁针代替第1长针）在3锁针的第3针上钩1针引拔针结束此圈。

第3圈：在每针上钩1长针。（用3针锁针代替第1针长针）在3针锁针的第3针上钩1引拔针结束此圈。

第4圈：1锁针、在第3圈的每针上钩1短针。在最开始的锁针上钩1针引拔针结束此圈，剪线。

在身体的第53圈，钩玛丽和阿德里娜B时

用绿松石色线（薰衣草色线）钩荷叶裙边。钩艾米丽时，在身体的第49、52、55、58圈，分别用黄色线、珊瑚色线、紫色线和浅绿色线。

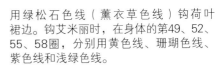

衣领（1个，绿松石色线、白色线、绿松石色线、薰衣草色线）

将头缝在身体上。

第1行：在缝合部位的前面中间开始钩织（钩在身体的第79圈短针的条纹针的突出部分）1放针，（3短针、1放针、2短针）重复4次，1放针，共30针。

第2行：翻转方向往回钩，30短针。

第3行：翻转方向往回钩，（1短针、1放针）重复15次，共45针。

第4行：翻转方向往回钩，45短针。

第5圈：钩短针将衣领缝合，（包括领子的外边）钩1针引拔针结束，剪线。（贴士：如果将领子全部的钩完过于复杂的话，只钩一开始的30针锁针，其余的部分用缝合的方法缝在脖子上。）

头发（1顶、红色线、黑色线或珊瑚色线）

环形绕线起针。
第1圈：1锁针，6短针。
第2圈：6放针，共12针。
第3圈：（1短针、1放针）重复6次，共18针。
第4圈：（2短针、1放针）重复6次，共24针。
第5~11圈：按照前面的规律，重复每圈放6针，共66针。
第12~21圈：每圈钩66短针。
第22圈：（9短针、1并针）重复6次，余60针。

第23圈：（8短针、1并针）重复6次，每圈钩54针，钩1针引拔针结束。留足够的线后剪断，用于与头部连接。

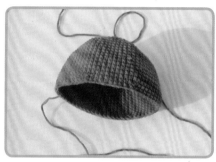

马尾辫（2条，红色线或珊瑚色线）

贴士：分别用填充棉分节塞满马尾辫。
环形绕线起针。
第1圈：1锁针，6短针。
第2圈：6放针，共12针。
第3圈：（1短针、1放针）重复6次，共18针。
第4、5圈：每圈钩18短针。将这个马尾辫里塞满填充棉。
第6圈：（1短针、1并针）重复6次，余12针。
第7圈：6并针，余6针。
第8圈：6放针，共12针。
第9圈：（1短针、1放针）重复6次，共18针。
第10圈：（2短针、1放针）重复6次，共24针。
第11~13圈：每圈钩24短针。
第14圈：（2短针、1并针）重复6次，余18针。将这个马尾辫里塞满填充棉。
第15圈：（1短针、1并针）重复6次，余12针。
第16圈：6并针，余6针。
第17圈：6放针，余12针。
第18圈：（1短针、1放针）重复6次，余18针。
第19圈：（2短针、1放针）重复6次，余24针。
第20圈：（3短针、1放针）重复6次，余30针。
第21~24圈：每圈钩30短针。
第25圈：（3短针、1并针）重复6次，余24针。
第26圈：（2短针、1并针）重复6次，余18针。
第27圈：（1短针、1并针）重复6次，余12针。
第28圈：（1短针、1并针）重复4次，余8针。钩1针引拔针结束，用填充棉塞满最后一节马尾辫，留足够的线后剪断，用于和头上的头发连接。
钩另一条相同的马尾辫。

钩另外一只相同的鞋子。

组合

把头发缝在头上，如图所示固定住马尾辫，将眼睛缝上，将纽扣缝在胸前，给娃娃穿上鞋子。

在艾米丽的马尾辫之间绕一些不同颜色的头绳。没有打底裤的阿德里娜用珊瑚色线在眼睛下面做直线绣绣出一些斑点。

艾米丽的马尾辫（5条，黑色线）

贴士：分别用填充棉分节塞满马尾辫。

环形绕线起针。

第1圈：1锁针，6短针。

第2圈：6放针，共12针。

第3圈：（1短针、1放针）重复6次，共18针。

第4、5圈：每圈钩18短针。将这个马尾辫塞满填充棉。

第6圈：（1短针、1并针）重复6次，余12针。

第7圈：6并针，余6针。

第8圈：6放针，共12针。

第9圈：（1短针、1放针）重复6次，共18针。

第10、11圈：每圈钩18短针，将这个马尾辫塞满填充棉。

第12圈：（1短针、1并针）重复6次，余12针。

第13圈：6并针，余6针。钩1针引拔针结束，用填充棉塞满最后一节马尾辫。留足够的线后剪断，用于和头上的头发连接。

钩另外4条相同的马尾辫。

鞋子（2只，深红色线、红色线、深红色线、深蓝色线）

环形绕线起针。

第1圈：1锁针，6短针。

第2圈：6放针，共12针。

第3圈：（1短针、1放针）重复6次，共18针。

第4圈：（2短针、1放针）重复6次，共24针。

第5圈：（3短针、1放针）重复6次，共30针。

第6~10圈：每圈钩30短针。

第11圈：5短针，1并针，（4短针、1并针）重复3次，5短针，余26针。

第12行：26短针，翻转方向往回钩。

第13行：空1针，16短针，翻转方向往回钩。

第14、15行：16短针，翻转方向往回钩。

第16行：16短针，继续钩织到与周围的针相平，钩6锁针，1锁针用于翻转方向往回钩，形成一条6锁针的长链（搭扣），剪一大段线，把搭扣的末端缝在鞋子对面的位置。

飞行员戴夫

材料和工具

- 棉线团（50g/165m）：原白色、栗色、深蓝色、茴香绿色、米色、灰色、浅灰色、浅蓝色和红色
- 一点黑色棉线
- 眼睛用直径为0.4cm或0.6cm的黑色珠子
- 填充棉
- 钩针2.5/0号
- 棒针2.5号或3.5号
- 记号环（选择使用）
- 刺绣针、缝衣针、毛线缝针、剪刀

要点

钩针针法
锁针、引拔针、短针、放针、并针、短针的条纹针：见92~94页

棒针针法
平针编织：第1行全部织下针，第2行全部织上针，一直这样重复。

刺绣针法
直线绣：见95页

贴士：如无说明，此作品用螺旋形钩法。
窍门：为了更好地完成环形钩织，在一圈结束时放一个记号环，然后每次移动这个环，以标明一圈的开始。

编织方法

头（1个，原白色线）
环形绕线起针。
第1圈：1锁针，6短针。
第2圈：6放针，共12针。
第3圈：（1短针、1放针）重复6次，共18针。
第4圈：（2短针、1放针）重复6次，共24针。
第5~12圈：按照前面的规律，重复每圈放6针，共72针。

第13~24圈：每圈钩72短针。开始塞填充棉（边钩边填塞）。
第25圈：（10短针、1并针）重复6次，余66针。
第26圈：（9短针、1并针）重复6次，余60针。
第27~32圈：按照前面的规律，重复每圈并6针，余24针。钩1针引拔针结束，完成填充。

鼻子（1个，原白色线）
环形绕线起针。
第1圈：1锁针，6短针。
第2圈：6放针，共12针。
第3圈：12短针，用填充棉填充。
第4圈：6并针，余6针。钩1针引拔针结束，留足够的线后剪断，用于和头部连接。

胳膊（2只）
先从手指开始钩。
拇指：原白色线，环形绕线起针。
第1圈：1锁针，6短针。
第2~4圈：每圈钩6短针，剪线。
手指：原白色线，环形绕线起针。
第1圈：1锁针，6短针。
第2~5圈：每圈钩6短针，剪线。
用同样方法钩另外两个手指，不要把最后一个手指的线剪断，用此线把几个手指连接起来，如下：

第6圈：在第3根手指上钩3短针。在第2根手指上钩3短针，在第1根手指上钩6针。再在第2根手指上钩3短针，在第3根手指上钩3短针，共18针。

第7、8圈：每圈钩18短针，然后将拇指连接如下：
第9圈：同时在手掌和拇指的一侧钩3短针，15短针，共18针。

第10圈：在拇指空余处钩3短针，在手掌其余地方钩15短针，共18针。

第11圈：18短针。
第12圈：（1短针、1并针）重复6次，余12针。
第13圈：12短针。
第14圈：（3短针、1放针）重复3次，共15针。
第15圈：（4短针、1放针）重复3次，共18针。开始塞填充棉（边钩边填塞）。剪线，换茴香绿色线钩织。

第16圈：18短针。
第17圈：18短针的条纹针（注意：凸出的部分是为了之后钩袖子的翻边）

第18~20圈：每圈钩18短针。
第21圈：（1并针、7短针）重复2次，余16针。
第22~25圈：每圈钩16短针。

第26圈：（1并针、6短针）重复2次，余14针。

第27~30圈：每圈钩14短针，结束塞填充棉。

第31圈：（1并针、5短针）重复2次，余12针。

第32~36圈：每圈钩12短针。

第37圈：压扁最高处，将针同时穿过两边，钩6短针。留足够的线后剪断，用于与身体连接。

钩另一只胳膊，注意拇指的方向要对称。

第9圈：6短针，同时在手掌和拇指的一侧钩3短针，9短针，共18针。

第10圈：6短针，在拇指空余处钩3短针，在手掌其余的地方钩9短针，共18针。

袖子翻边（2只，茴香绿色线）

第1圈：在胳膊的第17圈的短针的条纹针的凸出部位上钩18短针。

第2~6圈：每圈钩18短针，钩1针引拔针结束。钩另一只胳膊上相同的翻边。

腿和身体

注意：需要钩很多个部分。注意图上所示的颜色并不是实际的颜色。

第1条腿：用栗色线环形绕线起针。

第1圈：1锁针，6短针。

第2圈：6放针，共12针。

第3圈：（1短针、1放针）重复6次，共18针。

第4圈：（2短针、1放针）重复6次，共24针。

第5圈：24短针的条纹针（为了突出鞋底的四周）。

第6~8圈：每圈钩24短针。开始塞填充棉（边钩边填塞）。

第9圈：8短针，4并针，8短针，余20针。

第10圈：8短针，2并针，8短针，余18针。

第11圈：8短针，1并针，8短针，余17针，剪线。换深蓝色线继续钩织。

第12~14圈：17短针。

第15圈：5短针，1放针，5短针，1放针，5短针，共19针。

第16、17圈：每圈钩19短针。

第18圈：5短针，1放针，7短针，1放针，5短针，共21针。

第19、20圈：每圈钩21短针，完成腿部的填充。

第21圈：5短针，1放针，9短针，1放针，5短针，共23针。

第22、23圈：每圈钩23短针，剪线。

第2条腿，方法和第1条腿一样，但是在最后一圈，为了和第1条腿连接，在第2条腿上钩18短针，随后将针插入第1条腿的第5针上钩1引拔针（开始之后的那圈）。

身体：第24圈：（1放针、22短针）重复2次，共48针。

第25圈：48短针，开始塞填充棉（边钩边填塞）。

第26圈：（1放针、7短针）重复6次，共54针。

第27、28圈：每圈钩54短针。

第29圈：13短针，1放针，26短针，1放针，3短针，共56针。

第30圈：56短针，剪断深蓝色线，换茴香绿色线结束。

第31圈：56短针。

第32圈：56短针的条纹针。（注意：凸出部分是为了之后钩衣服下摆的翻边。）

第33圈：19短针，1放针，4短针，1放针，5短针，1放针，4短针，1放针，20短针，共60针。

第34~40圈：每圈钩60短针。

第41圈：15短针，1并针，12短针，1并针，12短针，1并针，15短针，余57针。

第42~44圈：每圈钩57短针。

第45圈：（1并针、17短针）重复3次，余54针。

第46圈：54短针。

第47圈：（1并针、16短针）重复3次，余51针。

第48圈：51短针。

第49~69圈：按照前面的规律，继续每2圈并3针，重复3次。每3圈并3针，重复5次，余27针。

第70圈：（1并针、7短针）重复3次，余24针。

第71圈：24短针，钩1针引拔针结束。用填充棉塞满最后一节马尾辫，留足够的线后剪断，用于和头部连接。

衣服下摆的翻边（1个，茴香绿色线）

第1圈：在身体的第32圈的短针的条纹针的凸出部位上钩56短针。

第2圈：56短针，钩1针引拔针结束，剪线。

飞行员的头盔（1个，栗色线）

环形绕线起针。

第1圈：1锁针，6短针。

第2圈：6放针，共12针。

第3圈：（1短针、1放针）重复6次，共18针。

第4圈：（2短针、1放针）重复6次，共24针。

第5~12圈：按照前面的规律，重复每圈放6针，共72针。

第13~24圈：72短针。钩1针引拔针结束，不要剪线，之后如下：

第1个系扣：第1行：1锁针（起立针），13短针，翻转方向往回钩。

第2~4行：1锁针（起立针），13短针，翻转方向往回钩。

第5行：1锁针（起立针），1并针，9短针，1并针，余11针，翻转方向往回钩。

第6行：1锁针（起立针），1并针，7短针，1并针，余9针，翻转方向往回钩。

第7行：1锁针（起立针），1并针，5短针，1并针，余7针，翻转方向往回钩。

第8行：1锁针（起立针），1并针，3短针，1并针，余5针，翻转方向往回钩。

第9行：1锁针（起立针），1并针，1短针，1并针，余3针，翻转方向往回钩。

第10行：1锁针（起立针），1并针，1短针，余2针，翻转方向往回钩。

第11~18行：1锁针（起立针），2短针，翻转方向，断线。

第2个系扣：方法和第1个系扣一样。距离第1个系扣16针处钩，但是在最后一行不要剪线，然后围绕头盔边缘钩1圈。

护耳（2个，米色线）
环形绕线起针。
第1圈：1锁针，6短针。
第2圈：2放针，共12针。
第3圈：（1短针、1放针）重复6次，共18针。
第4圈：（2短针、1放针）重复6次，共24针。
第5~7圈：24短针，钩1针引拔针结束，塞填充棉，留足够的线后剪断。
用同样的方法钩另一只护耳。

飞行员的望远镜镜片（2个）
用浅蓝色线，环形绕线起针。
第1圈：1锁针，6短针。
第2圈：6放针，共12针。
第3圈：12放针，共24针。
第4圈：24短针，剪线，换灰色线钩织。
第5圈：24短针的条纹针（注意：凸出部分是为了之后的镜框）。

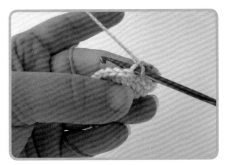

第6圈：（3短针、1放针）重复6次，共30针。
第7~9圈：每圈钩30短针。
第10圈：30短针的条纹针（注意：凸出部分是为了之后的镜架）。

第11圈：（3短针、1并针）重复6次，余24针。
第12圈：12并针，余12针。
第13圈：6并针，余6针。钩1针引拔针结束，塞填充棉。为了收紧，在最后一圈上穿过那根线。

镜框：灰色线，在眼镜镜片的第5圈短针的条纹针的凸起部位钩24短针，钩1针引拔针结束，剪线。

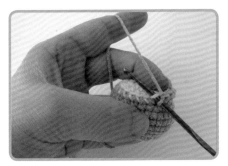

镜架：灰色线，在眼镜镜片的第10圈短针的条纹针的凸起部位钩12短针、3锁针，跳过3针钩12短针、3锁针，跳过3针，在这一圈的第1针上钩1针引拔针，剪线（贴士：这个镜架上有两个开口）。
用同样的方法钩另一个镜架。

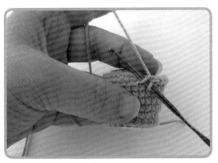

将连接带穿过镜架的两个孔中，然后如图将连接带的两端连接合并起来。

将绑带的两端穿过镜框的余下的两个开孔中，将绑带的两端翻折，量一下绑带绑在飞行员头上的长度，然后固定住两端的折边。

望远镜的连接带（1根，浅灰色线）
钩8针锁针起针。
第1行：1锁针，8短针，翻转方向往回钩。
第2、3行：1锁针，8短针，翻转方向往回钩，留足够的线后剪断。

望远镜的绑带（1根，浅灰色线）
钩66针锁针起针。
第1行：1锁针，66短针，翻转方向往回钩。
第2、3行：1锁针，66短针，翻转方向，剪线。

刘海（3撮，黑色线）
钩一撮大约5cm长的锁针链。在每针锁针上钩2短针，剪线。
钩两三撮同样的刘海。

围巾（1条，红色线）
用棒针编织，起5针，然后平针织到50cm时轻轻地压平所有的针，在围巾的两端加上流苏。

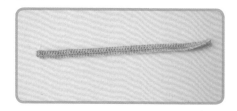

机身（1个，浅灰色线）
环形绕线起针。
第1圈：1锁针，6短针。
第2圈：6放针，共12针。
第3圈：（1短针、1放针）重复6次，共18针。
第4圈：（2短针、1放针）重复6次，共24针。
第5圈：（3短针、1放针）重复6次，共30针，开始塞填充棉（边钩边填塞）。
第6圈：（4短针、1放针）重复6次，共36针。
第7~11圈：每圈钩36短针。
第12圈：（4短针、1并针）重复6次，余30针。
第13~15圈：每圈钩30短针。
第16圈：（8短针、1并针）重复3次，余27针。
第17~19圈：每圈钩27短针。
第20圈：（7短针、1并针）重复3次，余24针。
第21~23圈：每圈钩24短针。
第24~29圈：按前面的规律，继续每3圈并3针，余18针。
第30圈：（1短针、1并针）重复6次，余12针。完成填充。
第31圈：6并针，余6针。留5cm的线后剪断。为了收紧，在最后一圈上穿过所留的那根线。

翅膀（2只，灰色线）
环形绕线起针。
第1圈：1锁针，6短针。
第2圈：6放针，共12针。
第3圈：（1短针、1放针）重复6次，共18针。
第4~10圈：每圈钩18短针，钩1针引拔针结束，完成填充，留足够的线后剪断。
用同样的方法钩另一只翅膀。

机翼（1个，灰色线）
环形绕线起针。
第1圈：1锁针，6短针。
第2圈：6放针，共12短针。
第3~7圈：每圈钩12短针，钩1针引拔针结束，完成填充。留足够的线后剪断。

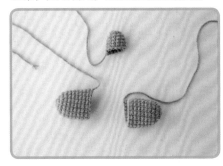

螺旋桨（1个，红色线）
钩24针锁针起针，钩1针引拔针连成环形。
第1~3圈：1锁针，24短针，在开始的锁针上钩1针引拔针连成环形。

留足够的线后剪断。

如图所示，用足够的线在螺旋桨中间绕圈。

组合

将头部缝在身体上。（贴士：为了将头部固定在身体上，适当地往里面塞填充棉，以保证头部能够良好固定）将胳膊固定在头部以下两圈的位置。将鼻子缝在头部第20圈处。将两只眼睛缝在鼻子以上两圈处，间隔12针。用黑色棉线在鼻子下面做直线绣绣嘴巴（嘴巴高度为3圈，长度16针）。

将望远镜安在帽子的最上方，用红色线做直线绣固定住望远镜背带的翻边。

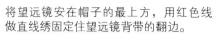

将围巾绕脖子打个结，将飞机的小部件组合。

将头盔戴在头上，将刘海放在额头的中间，随后缝上。将护耳放在帽子的两侧，然后用红色线如图所示做直线绣固定。

将飞机用胳膊夹住，或者放在其他地方。

兔子

材料和工具

- 棉线团（100g/210m）：女生兔子用线：橙色、白色、薰衣草色和绿色；男生兔子用线：蓝色、白色和灰色
- 适量黑色棉线
- 眼睛用直径为0.4cm或0.6cm的黑色珠子
- 填充棉
- 钩针4/0号
- 记号环（选择使用）
- 刺绣针、缝衣针、毛线缝针、剪刀

要点

钩针针法
锁针、引拔针、短针、放针、并针、短针的条纹针：见92~94页

刺绣针法
直线绣：见95页

贴士：如无说明，此作品用螺旋形钩法。
窍门：为了更好地完成环形钩织，在一圈结束时放一个记号环，然后每次移动这个环，以标明一圈的开始。

编织方法

贴士：下面用的颜色先是女生兔子的，后是男生兔子的。

头和身体（各1个）
用薰衣草色线（灰色线），环形绕线起针。
第1圈：1锁针，6短针。
第2圈：6放针，共12针。
第3圈：（1短针、1放针）重复6次，共18针。
第4圈：（2短针、1放针）重复6次，共24针。
第5~8圈：按照前面的规律，重复每圈放6针，共48针。
第9~14圈：每圈钩48短针，开始塞填充棉（边钩边填塞）。
第15圈：（6短针、1并针）重复6次，余42针。
第16圈：（5短针、1并针）重复6次，余36针。
第17~20圈：按照前面的规律，重复每圈并6针，余12针。

第21圈：12短针，剪断薰衣草色线（灰色线），然后交替钩1行白色线1行橙色线（蓝色线）。

第22圈：（1短针、1放针）重复6次，共18针。
第23、24圈：每圈钩18短针。
第25圈：（2短针、1放针）重复6次，共24针。
第26、27圈：每圈钩24短针。
第28圈：（3短针、1放针）重复6次，共30针。
第29、30圈：每圈钩30短针。
第31圈：（4短针、1放针）重复6次，共36针。
第32、33圈：每圈钩36短针，剪断白色线和橙色线（蓝色线），换薰衣草色线（灰色线）继续钩织。

第34圈：36短针的条纹针。

第35、36圈：每圈钩36短针。
第37圈：（4短针、1并针）重复6次，余30针。
第38圈：（3短针、1并针）重复6次，余24针。
第39~41圈：按照前面的规律，重复每圈并6针，余6针。留5cm的线后剪断。完成填充。为了收紧，在最后一圈上穿过那根线。

裙子，女生兔子（1条，绿色线）
第1圈：在身体第34圈短针的条纹针的部位钩36短针。
第2圈：36放针，共72针。

第3~6圈：72短针，以1针引拔针结束，剪线。

男生兔子的衣边（1条，白色线）

第1圈：在身体第34圈短针的条纹针凸起的部位钩36短针。

第2圈：36短针，以1针引拔针结束，剪线。

胳膊（2只，薰衣草色线、灰色线）

环形绕线起针。

第1圈：1锁针，7短针。

第2圈：7放针，共14针。

第3、4圈：每圈钩14短针，开始塞填充棉（边钩边填塞）。

第5圈：7并针，余7针。

第6~20圈：每圈钩7短针，完成填塞。

第21圈：压扁胳膊的上口，同时用钩针穿过边缘的两边钩3短针，留足够的线后剪断，用于和身体连接。

用同样的方法钩另一只胳膊。

腿（2条，薰衣草色线、灰色线）

环形绕线起针。

第1圈：1锁针，7短针。

第2圈：7放针，共14针。

第3~5圈：14短针，开始塞填充棉（边钩边填塞）。

第6圈：7并针，余7针。

第7~22圈：每圈钩7短针，完成填塞。

第23圈：压扁腿的上口，同时用钩针穿过边缘的两边钩3短针，留足够的线后剪断，用于和身体连接。

用同样的方法钩另一条腿。

耳朵（2只，薰衣草色线、灰色线）

环形绕线起针。

第1圈：1锁针，7短针。

第2~25圈：每圈钩7短针，以1针引拔针结束，塞填充棉，留足够的线后剪断。

用同样的方法钩另一只耳朵。

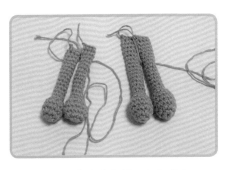

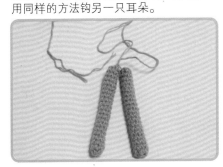

组合

将耳朵的顶端缝在头顶的两侧，将胳膊缝在脖子以下两圈的位置。使用橙色线（蓝色线）在脸部中间第10~13圈位置用直线绣绣1个鼻子（大小为4~5针）。

男生兔子用蓝色线做直线绣绣出眼睛和眉毛，女生兔子缝上珠子（眼睛），用黑色棉线做直线绣绣出眉毛。

可爱的小娃娃

材料和工具

- 棉线团（100g/20m）娃娃A用线：米色、玫瑰红色、橙色、白色和黑色；娃娃B用线：深粉红色、覆盆子色、绿色、白色和黑色；娃娃C用线：深粉红色、黑色、白色和灰色
- 眼睛用直径0.4cm或0.6cm的黑色珠子
- 填充棉
- 钩针4/0号
- 记号环（选择使用）
- 刺绣针、缝衣针、毛线缝针、剪刀

要点

钩针针法
锁针、引拔针、短针、放针、并针、短针的条纹针：见92~94页

刺绣针法
直线绣：见95页

贴士：如无说明，此作品用螺旋形钩法。

窍门：为了更好地完成环形钩织，在一圈结束时放一个记号环，然后每次移动这个环，以标明一圈的开始。

编织方法

配色顺序为娃娃A、娃娃B、娃娃C。

头和身体（各1个，米色线、深粉红色线）
环形绕线起针。
第1圈：1锁针，6短针。
第2圈：6放针，共12针。
第3圈：（1短针、1放针）重复6次，共18针。
第4圈：（2短针、1放针）重复6次，共24针。
第5~8圈：按照以上规律，重复每圈放6针，共48针，开始塞填充棉。
第9~14圈：每圈钩48短针。
第15圈：（6短针、1并针）重复6次，余42针。
第16圈：（5短针、1并针）重复6次，余36针。
第17~20圈：按照以上规律，重复每圈并6针，余12针。完成填充。
第21圈：12短针，剪断米色线（深粉红色线），按娃娃A配色交替钩2行白色线和2行橙色线，娃娃B和娃娃C交替钩1行白色线和1行覆盆子色线（黑色线）。

C

A

身体：第22圈：（1短针、1放针）重复6次，共18针。

第23、24圈：每圈钩18短针。

第25圈：（2短针、1放针）重复6次，共24针。

第26、27圈：每圈钩24短针。

第28圈：（3短针、1放针）重复6次，共30针。

第29、30圈：每圈钩30短针。

第31圈：（4短针、1放针）重复6次，共36针。

第32、33圈：每圈钩36短针，开始塞填充棉（边钩边填塞）。

第34圈：36短针的条纹针（注意：凸出部分是为了之后的裙子）。

第35~37圈：每圈钩36短针，剪线。换玫瑰红色线（绿色线、灰色线）钩织。

第38圈：36短针的条纹针。

第39、40圈：每圈钩36短针。

第41圈：（4短针、1并针）重复6次，余30针。

第42圈：（3短针、1并针）重复6次，余24针。

第43~45圈：按照前面的规律，重复每圈并6针，余6针。留5cm的线后剪断。完成填充。为了收紧，在最后一圈上穿过那根线。

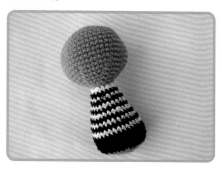

裙子（1条，玫瑰红色线、绿色线、灰色线）

第1圈：在身体第34圈短针的条纹针凸起的部位钩36短针。

第2圈：36放针，共72针。

第3~6圈：每圈钩72短针，钩1针引拔针结束，剪线。

胳膊（2只，米色线、深粉红色线）

环形绕线起针。

第1圈：1锁针，7短针。

第2圈：7放针，共14针。

第3、4圈：14短针，开始塞填充棉。

第5圈：7并针，余7针。

第6~20圈：每圈钩7短针，完成填充。

第21圈：压扁胳膊的上口，同时用钩针穿过边缘的两边钩3短针，留足够的线后剪断，用于与身体连接。

用同样的方法钩另一只胳膊。

腿（2条）

用黑色线，环形绕线起针。

第1圈：1锁针，6短针。

第2圈：6放针，共12针。

第3圈：（1短针、1放针）重复6次，共18针。

第4圈：18短针。

第5圈：18短针，开始塞填充棉（边钩边填塞）。

第6圈：18短针。

第7圈：6并针，6短针，余12针。

第8圈：12短针。

第9圈：3并针，6短针，余9针。塞填充棉，剪线。交替钩1行白色线和1行橙色线（1行白色和1行覆盆子色线、1行白色和1行黑色线）。

第10~18圈：每圈钩9短针，断线，用米色线（深粉红色线）钩织。

第19~26圈：每圈钩9短针。

第27圈：压扁腿的上口，同时用钩针穿过边缘的两边钩4针短针，留足够的线后剪断，用于与身体连接。

用同样的方法钩另一条腿。

头发（1顶，黑色线）

环形绕线起针。

第1圈：1锁针，6短针。

第2圈：6放针，共12针。

第3圈：（1短针、1放针）重复6次，共18针。

第4圈：（2短针、1放针）重复6次，共24针。

第5~8圈：按照前面的规律，重复每圈放6针，共48针。

第9~14圈：每圈钩48短针。

第15行：32短针，1锁针，翻转方向往回钩。

第16行：32短针，1锁针，翻转方向往回钩。

第17行：32短针，1锁针，翻转方向往回钩。

第18行：（1放针、1短针）重复4次，1放针、1锁针用来翻转钩针，共37针。
第19行：37短针，剪线。

蝴蝶结（1个）
玫瑰红色线（绿色线、灰色线），钩13针锁针起针，钩引拔针形成环形。
第1圈：1锁针，13短针，钩1针引拔针。
第2圈：用玫瑰红色线（绿色线、灰色线），1锁针、13短针，钩1针引拔针。
第3圈：用玫瑰红色线（绿色线、灰色线），1锁针、13短针，钩1针引拔针，留一长段线后剪断。

将剩余的线围绕中间绕圈，使其成蝴蝶结状。

组合

将胳膊缝在脖子下方两侧，将腿缝在身体的最下面，固定住头发和蝴蝶结，缝上珠子（眼睛），用黑色线做直线绣绣出眉毛。

B

小猫

材料和工具

- 棉线团（100g/210m）：绿松石色、黄色和石油蓝色
- 少许黑色棉线
- 填充棉
- 钩针3.5/0号或4/0号
- 记号环（选择使用）
- 刺绣针、毛线缝针、剪刀

要点

钩针针法
锁针、引拔针、短针、放针、并针：见93、94页

刺绣针法
直线绣、十字绣：见95页

贴士：如无说明，此作品用螺旋形钩法。
窍门：为了更好地完成环形钩织，在一圈结束时放一个记号环，然后每次移动这个环，以标明一圈的开始。

编织方法

头部和身体（各1个）
用绿松石色线，环形绕线起针。
第1圈：1锁针，6短针。
第2圈：6放针，共12针。
第3圈：（1短针、1放针）重复6次，共18针。
第4圈：（2短针、1放针）重复6次，共24针。
第5~12圈：按照以上规律，重复每圈放6针，共72针。
第13~19圈：每圈钩72短针，开始塞填充棉（边钩边填塞），剪断绿松石色线，换黄色线钩织。
第20、21圈：每圈钩72短针，剪断黄色线，换石油蓝色线钩织。
第22~24圈：每圈钩72短针。
第25圈：（10短针、1并针）重复6次，余66针。
第26圈：（9短针、1并针）重复6次，余60针。

第27~35圈：按照以上规律，重复每圈钩6并针，余6针。完成填充，留5cm线后剪断。在这一圈的最后一针上穿过这根线，为了收紧线。

耳朵（2只，绿松石色线）
环形绕线起针。
第1圈：1锁针，6短针。
第2圈：6放针，共12短针。
第3圈：12短针。
第4圈：（1短针、1放针）重复6次，共18针。
第5圈：18短针，钩1针引拔针结束。留足够的线后剪断。
用同样的方法钩另一只耳朵。

尾巴（1条）
用绿松石色线，环形绕线起针。
第1圈：1锁针，6短针。
第2圈：6放针，共12针。
第3~5圈：12短针，剪线，换黄色线钩织。
第6~9圈：每圈钩12短针，剪线。换石油蓝色线钩织。
第10~26圈：每圈钩12短针，钩1针引拔针结束，塞填充棉，留足够的线后剪断。

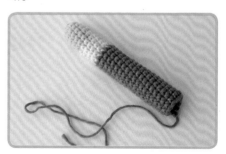

组合

将耳朵缝在头顶上，尾巴缝在身体后部。用黑色棉线做十字绣绣眼睛，做直线绣绣鼻子和胡须。

小鹿鲁道夫

材料和工具

- 棉线团（50g/165m）：栗色、米色、红色和白色
- 适量黑色棉线和绿色线
- 眼睛用直径0.4cm或0.6cm的黑色珠子
- 填充棉
- 钩针3/0号
- 棒针6号
- 记号环（选择使用）
- 刺绣针、缝衣针、毛线缝针、剪刀

要点

钩针针法
锁针、引拔针、短针、放针、并针：见93、94页

棒针针法
平针编织：第1行全部织下针，第2行全部织上针，一直这样重复编织。

刺绣针法
直线绣：见95页

贴士：如无说明，此作品用螺旋形钩法。
窍门：为了更好地完成环形钩织，在一圈结束时放一个记号环，然后每次移动这个环，以标明一圈的开始。

编织方法

头部（1个，栗色线）
环形绕线起针。
第1圈：1锁针，6短针。
第2圈：6放针，共12针。
第3圈：12放针，共24针。
第4圈：24短针。
第5圈：（1短针、1放针）重复12次，共36针。
第6圈：36短针。
第7圈：（5短针、1放针）重复6次，共42针。

第8圈：（6短针、1放针）重复6次，共48针，开始塞填充棉（边钩边填塞）。
第9圈：（7短针、1放针）重复6次，共54针。
第10~21圈：每圈钩54短针。
第22圈：（1短针、1放针）重复12次，共66针。
第23、24圈：每圈钩66短针。
第25圈：（10短针、1放针）重复6次，共72针。
第26圈：（11短针、1放针）重复6次，共78针。
第27~38圈：每圈钩78短针。
第39圈：（11短针、1并针）重复6次，余72针。
第40圈：（10短针、1并针）重复6次，余66针。
第41~50圈：按照以上规律，重复每圈并6针，余6针。完成填充，留5cm的线后剪断。为了收紧，在最后一圈上穿过那根线。

身体（1个，栗色线）
环形绕线起针。
第1圈：1锁针，6短针。
第2圈：6放针，共12针。
第3圈：（1短针、1放针）重复6次，共18针。
第4圈：（2短针、1放针）重复6次，共24针。
第5~12圈：按照以上规律，重复每圈放6针，共72针。开始塞填充棉（边钩边填塞）。
第13~27圈：每圈钩72短针。
第28圈：（10短针、1并针）重复6次，余66针。
第29~38圈：每圈钩66短针。
第39圈：（9短针、1并针）重复6次，余60针。
第40圈：（8短针、1并针）重复6次，余54针。
第41、42圈：每圈钩54短针。
第43圈：（7短针、1并针）重复6次，余48针。

第44~48圈：按照以上规律，重复每圈并6针，余24针。钩1针引拔针结束，完成填充，留足够的线后剪断。

胳膊（2只）

用米色线环形绕线起针。
第1圈：1锁针，6短针。
第2圈：6放针，共12针。
第3圈：（1短针、1放针）重复6次，共18针。
第4圈：（2短针、1放针）重复6次，共24针。
第5圈：（3短针、1放针）重复6次，共30针。
第6~10圈：每圈钩30短针，开始塞填充棉（边钩边填塞）。
第11圈：（3短针、1并针）重复6次，余24针。
第12圈：24短针。
第13圈：（2短针、1并针）重复6次，余18针。
第14圈：18短针。
第15圈：（4短针、1并针）重复3次，余15针，剪断米色线，换栗色线钩织。
第16~35圈：每圈钩15短针，完成填充。
第36圈：（3短针、1并针）重复3次，余12针。
第37圈：压胳膊的上口，同时用钩针穿过边缘的两边钩6短针。留足够的线后剪断，用于和身体连接。

腿（2条）

用米色线环形绕线起针。
第1圈：1锁针，6短针。
第2圈：6放针，共12针。
第3圈：（1短针、1放针）重复6次，共18针。
第4圈：（2短针、1放针）重复6次，共24针。
第5~8圈：按照以上规律，重复每圈放6针，共48针。
第9~13圈：每圈钩48短针，开始塞填充棉（边钩边填塞）。
第14圈：（5短针、1并针）重复4次，20短针，余44针。
第15圈：（4短针、1并针）重复4次，20短针，余40针。
第16~19圈：按照以上规律，重复每圈并4针，余24针。
第20圈：（2短针、1并针）重复6次，余18针，剪断米色线，换栗色线钩织。
第21~45圈：每圈钩18短针，完成填充。
第46圈：（1短针、1并针）重复6次，余12针，钩1针引拔针结束，留足够的线后剪断。
用同样的方法钩另一条腿。

耳朵（2只，栗色线）

环形绕线起针。
第1圈：1锁针，6短针。
第2圈：6放针，共12针。
第3圈：（1短针、1放针）重复6次，共18针。
第4圈：（2短针、1放针）重复6次，共24针。
第5圈：（3短针、1放针）重复6次，共30针。
第6~10圈：每圈钩30短针。
第11圈：（3短针、1并针）重复6次，余24针。
第12、13圈：每圈钩24短针。
第14圈：（2短针、1并针）重复6次，余18针。
第15、16圈：每圈钩18短针。
第17圈：压扁耳朵的最上口，同时用钩针同时穿过两边钩9针。

第18圈：将耳朵对折，钩针穿过两边钩4针，留足够的线后剪断，用于和头部连接。
用同样的方法钩另一只耳朵。

尾巴（1条，栗色线）

环形绕线起针。

第1圈：1锁针、6短针。

第2圈：（1短针、1放针）重复3次，共9针。

第3圈：（2短针、1放针）重复3次，共12针。

第4圈：（1短针、1放针）重复6次，共18针。

第5、6圈：每圈钩18短针，塞填充棉。

第7圈：（1短针、1并针）重复6次，余12针，钩1针引拔针结束。留足够的线后剪断。

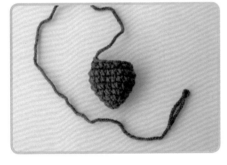

鼻子（1个，红色）

环形绕线起针。

第1圈：1锁针、6短针。

第2圈：6放针，共12针。

第3圈：（1短针、1放针）重复6次，共18针。

第4~6圈：每圈钩18短针，开始塞填充棉。

第7圈：（1短针、1并针）重复6次，余12针。

第8圈：（1短针、1并针）重复4次，余8针，钩1针引拔针结束。

完成填充，留足够的线后剪断。

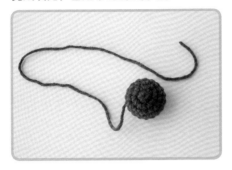

鹿角（2个，米黄色）

需要钩两个组成部分。

第一部分：环形绕线起针。

第1圈：1锁针、8短针。

第2~7圈：每圈钩8短针，剪线。

第二部分：环形绕线起针。

第1圈：1锁针、8短针。

第2~8圈：每圈钩8短针。

第9圈：将这两个部分并在一起，将钩针穿过边缘钩4针，随后在第二部分上钩4针，共8针。

第10圈：在第一部分空余处钩4短针，然后再第二部分钩4短针，共8针。

第11~15圈：每圈钩8短针。钩1针引拔针结束，留足够的线后剪断。

用同样的方法钩另一个鹿角。

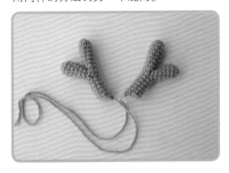

围巾（1条）

用棒针编织，起5针，编织平针并交替用白色线和红色线各织4行，织到所需长度时轻轻地压平所有的针，在围巾的两端系上绿色线作流苏。

组合

将身体缝在头的下面，胳膊缝在身体的两边，腿缝在身体的下面，将鹿角和耳朵缝在头顶上，将鼻子缝在脸的最尖端，将尾巴缝在背部后面。用黑色棉线做直线绣绣嘴巴，将两颗珠子（眼睛）缝在脸部和头部之间的位置。

将围巾打结。

小恋人

材料和工具

- 棉线团（100g/210m）：女生用线：橙色、薰衣草色、黄色、栗色和浅粉色；
  男生用线：深灰色、绿色、葱绿色、天蓝色和浅粉色
- 眼睛用直径为0.4cm或0.6cm的黑色珠子
- 填充棉
- 钩针4/0号
- 记号环（选择使用）
- 缝衣针、毛线缝针、剪刀

要点

钩针针法

锁针、引拔针、短针、放针、并针、短针的条纹针、长针：见92~94页

贴士：如无说明，此作品用螺旋形钩法。
窍门：为了更好地完成环形钩织，在一圈结束时放一个记号环，然后每次移动这个环，以标明一圈的开始。

编织方法

腿和身体（各1个）

第1条腿： 橙色线（深灰色线），环形绕线起针。
第1圈：1锁针，6短针。
第2圈：6放针，共12针。
第3~22圈：每圈钩12短针，开始塞填充棉，剪线。

第2条腿： 方法同第1条腿，但不剪断线，用来连接两条腿。
身体： 第23圈：在第1条腿上钩12短针，用同样的方法在第2条腿上钩12短针，共24针（贴士:两腿之间的空隙最后在后面缝合）。

第24圈：（3短针、1放针）重复6次，共30针。
第25圈：（4短针、1放针）重复6次，共36针。

第26~31圈：每圈钩36短针，剪线，换黄色线（绿色线）继续钩织，开始塞填充棉（边钩边填塞）。
第32圈：36短针。
第33圈：（4短针、1并针）重复6次，余30针。
第34圈：女生：30短针的条纹针（贴士：凸起的部分为了以后钩裙子）。
男生：30短针。
第35圈：30短针。
第36圈：（8短针、1并针）重复3次，余27针。
第37、38圈：每圈钩27短针。

第39圈：（7短针、1并针）重复3次，余24针。

第40、41圈：每圈钩24短针（贴士：钩这两圈时用葱绿色线钩男生）。

第42圈：（6短针、1并针）重复3次，余21针。

第43、44圈：每圈钩21短针。

第45圈：（5短针、1并针）重复3次，余18针。

第46圈：18针。钩1针引拔针结束。完成填充，留足够的线后剪断。

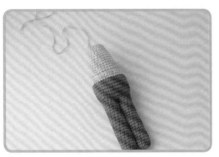

女生的裙子（1条，薰衣草色线）

第1圈：在身体第34圈短针的条纹针的凸起部位钩1锁针，30短针。在开始的锁针上钩1针引拔针结束。

第2圈：在同一针上钩3锁针（=第1针长针）和1长针，随后在每一针上钩2长针，重复29次，在开始的3针锁针的第3针上钩1针引拔针结束，共60针。

第3、4圈：每圈钩60长针（贴士：第1针长针都可由3针锁针代替。在开始的3针锁针的第3针上钩1针引拔针结束）。

第5圈：1锁针，60短针，在开始的锁针上钩1针引拔针结束。

头（1个，浅粉色线）

环形绕线起针。

第1圈：1锁针，6短针。

第2圈：6放针，共12针。

第3圈：（1短针、1放针）重复6次，共18针。

第4圈：（2短针、2放针）重复6次，共24针。

第5~8圈：按照以上规律，重复每圈放6针，共48针，丌始塞填充棉（边钩边填塞）。

第9~15圈：每圈钩48短针。

第16圈：（6短针、1并针）重复6次，余42针。

第17圈：（5短针、1并针）重复6次，余36针。

第18~20圈：按照以上规律，重复每圈并6针，余18针。钩1针引拔针结束，完成填充，剪线。

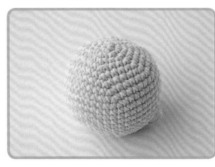

胳膊（2只）

用浅粉色，环形绕线起针。

第1圈：1锁针，6短针。

第2圈：6放针，共12针。

第3、4圈：每圈钩12短针，塞填充棉。

第5圈：（2短针、1并针）重复3次，余9针，剪断浅粉色线，换黄色线（绿色线）完成。

第6~20圈：每圈钩9短针。

第21圈：压扁胳膊的最上口，用钩针同时穿过两边钩4针。留足够的线后剪断，用于和身体连接。

女生的头发（1顶，栗色线）或男生的帽子（1顶，天蓝色线）

环形绕线起针。

第1圈：1锁针，6短针。

第2圈：6放针，共12针。

第3圈：（1短针、1放针）重复6次，共18针。

第4圈：（2短针、2放针）重复6次，共24针。

第5~8圈：按照以上规律，重复每圈放6针，共48针。

第9~16圈：每圈钩48短针，钩1针引拔针结束，留足够的线后剪断。

女生的辫子（2条，栗色线）
剪10根15cm长的栗色线用来做辫子，
将5根线对折，将钩针穿过头部顶端的一
侧，将对折线端拉出，钩1针引拔针结
束，如下图所示，做2条辫子。

组合

将头部缝在身体上，将头发（帽子）缝
在头顶，将胳膊固定在身体的两侧（大约
在脖子以下两圈处）。
缝上珠子（眼睛）。

熊宝宝和兔宝宝

难度 ☺

材料和工具

- 棉线团（100g/210m）：熊宝宝A用线：砖红色、绿松石色、白色和米色；熊宝宝B用线：薰衣草色、橙色、白色、米色、玫红色和黄色；熊宝宝C用线：蓝色、黄色、白色、米色和橙色；熊宝宝D用线：橄榄绿色、橙色、浅黄色和米色
  兔宝宝用线：薰衣草色、白色、绿色、米色、橙色和黄色
- 适量黑色棉线
- 熊宝宝的眼睛直径为0.4cm或0.6cm的黑色珠子
- 填充棉
- 钩针4/0号
- 记号环（选择使用）
- 刺绣针、缝衣针、毛线缝针、剪刀

要点

钩针针法
锁针、引拔针、短针、放针、并针、长针：见93、94页

刺绣针法
直线绣：见95页

贴士：如无说明，此作品用螺旋形钩法。
窍门：为了更好地完成环形钩织，在一圈结束时放一个记号环，然后每次移动这个环，以标明一圈的开始。

编织方法

注意：以下先给出兔宝宝的颜色，然后是熊宝宝A~D。

头部（1个，薰衣草色线、砖红色线、薰衣草色线、蓝色线、橄榄绿色线）
环形绕线起针。
第1圈：1锁针，6短针。
第2圈：6放针，共12针。
第3圈：（1短针、1放针）重复6次，共18针。
第4圈：（2短针、1放针）重复6次，共24针。
第5~9圈：按照前面的规律，重复每圈放6针，共54针。
第10~20圈：每圈钩54短针，开始塞填充棉（边钩边填塞）。
第21圈：（7短针、1并针）重复6次，余48针。
第22圈：（6短针、1并针）重复6次，余42针。
第23~26圈：按照前面的规律，重复每圈并6针，余18针，钩1针引拔针结束，完成填充并断线。

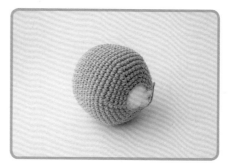

胳膊（2只，薰衣草色线、砖红色线、薰衣草色线、蓝色线、橄榄绿色线）
环形绕线起针。
第1圈：1锁针，6短针。
第2圈：6放针，共12针。
第3圈：（1短针、1放针）重复6次，共18针，开始塞填充棉（边钩边填塞）。
第4~6圈：每圈钩18短针。
第7圈：（1短针、1并针）重复6次，余12针。

第8、9圈：每圈钩12短针。
第10圈：1并针，10短针，余11针。
第11、12圈：每圈钩12短针。
第13圈：1并针，9短针，余10针。
第14~20圈：每圈钩10短针，填充棉不要塞得太满。
第21圈：压扁胳膊最上方的边缘，用钩针同时穿过胳膊边缘的两边钩5短针，留足够的线后剪断，以和身体连接。
用同样的方法钩另一只胳膊。

腿（2条，薰衣草色线、砖红色线、薰衣草色线、蓝色线、橄榄绿色线）
环形绕线起针。
第1圈：1锁针，6短针。
第2圈：6放针，共12针。
第3圈：（1短针、1放针）重复6次，共18针。
第4圈：（2短针、1放针）重复6次，共

A   B   C   D

24针。
第5~7圈：每圈钩24短针。开始塞填充棉（边钩边填塞）。
第8圈：（2短针、1并针）重复6次，余18针。
第9、10圈：每圈钩18短针。
第11圈：（4短针、1并针）重复3次，余15针。
第12、13圈：每圈钩15短针。
第14圈：1并针，13短针，余14针。
第15圈：14短针。
第16圈：1并针，12短针，余13针。
第17圈：13短针。
第18圈：1并针，11短针，余12针。
第19圈：12短针。
第20圈：1并针，10短针，余11针。
第21圈：11短针。
第22圈：1并针，9短针，余10针。
第23~27圈：每圈钩10短针，钩1针引拔针结束，完成填充。留足够的线后剪断。
用同样的方法钩另一条腿。

尾巴（1条，薰衣草色线、砖红色线、薰衣草色线、蓝色线、橄榄绿色线）
环形绕线起针。
第1圈：1锁针、6短针。
第2圈：6放针，共12针。

第3圈：（1短针、1放针）重复6次，共18针。
第4~6圈：每圈钩18短针。开始塞填充棉（边钩边填塞）。
第7圈：（1短针、1并针）重复6次，余12针。
第8圈：6并针，余6针，钩1针引拔针结束，完成填充，留足够的线后剪断。

身体（1个）
用绿色线（砖红色线、橙色线、蓝色线、橙色线）环形绕线起针。
第1圈：1锁针、6短针。
第2圈：6放针，共12针。
第3圈：（1短针、1放针）重复6次，共18针。
第4圈：（2短针、1放针）重复6次，共24针。
第5~7圈：按照以上规律，重复每圈放6针，共42针。开始塞填充棉（边钩边填塞）。
第8、9圈：每圈钩42短针。兔宝宝用白色线和绿色线交替各钩3圈。熊宝宝用蓝色线（橙色线、黄色线或浅黄色线）和白色线（白色线、白色线、橙色线）交替各钩2圈。
第10~12圈：每圈钩42短针。
第13圈：（5短针、1并针）重复6次，余36针。
第14、15圈：每圈钩36短针。
第16圈：（4短针、1并针）重复6次，余30针。
第17、18圈：每圈钩30短针。
第19~24圈：按照以上规律，重复每3圈并6针，余18针，钩1针引拔针结束。完成填充，留足够的线后剪断。

兔宝宝的耳朵（2只，薰衣草色线）
环形绕线起针。
第1圈：1锁针、6短针。
第2圈：6放针，共12针。
第3圈：（1短针、1放针）重复6次，共18针。
第4~8圈：每圈钩18短针。
第9圈：（4短针、1并针）重复3次，余15针。
第10~12圈：每圈钩15短针。
第13圈：（3短针、1并针）重复3次，余12针。
第14~16圈：每圈钩12短针。
第17圈：（1并针、4短针）重复2次，余10针。
第18~20圈：每圈钩10短针，用同样的方法引拔针结束，留足够的线后剪断。
用同样的方法钩另一只耳朵。

熊宝宝的耳朵（2只，砖红色线、薰衣草色线、蓝色线、橄榄绿色线）

环形绕线起针。
第1圈：1锁针，6短针。
第2圈：6放针，共12针。
第3圈：（1短针、1放针）重复6次，共18针。
第4、5圈：每圈钩18短针。
第6圈：（1短针、1并针）重复6次，余12针。
第7圈：（1并针、4短针）重复2次，余10针，钩1针引拔针结束，留足够的线后剪断。
用同样的方法钩另一只耳朵。

所有的脸部（1张，米色线）

环形绕线起针。
第1圈：1锁针，6短针。
第2圈：6放针，共12针。
第3圈：12放针，共24针。
第4圈：24短针。
第5圈：（1短针、1放针）重复12次，共36针。
第6圈：36短针，钩1针引拔针结束，留足够的线后剪断。

头花（1个，兔宝宝、熊宝宝B和D）

用黄色（橙色、黄色）线，环形绕线起针。
第1圈：1锁针，5短针。
第2圈：5放针，共10针，剪线，换橙色（玫红色、黄色）线继续钩织。

第3圈：1锁针，（1短针、在随后一针上钩5针长针）重复5遍，钩1针引拔针结束，留足够的线后剪断。

组合

将头缝在身体上，将腿缝在身体底部的两边（在身体第9圈的部位）。在身体最高点的两边缝上胳膊（在身体第20圈处），将耳朵缝在头部最高点的两边。最后缝上脸部。在兔子脸的上方用黑色棉线做直线绣绣出眼睛，将珠子（眼睛）缝在小熊的脸的上方。
用黑色棉线做直线绣绣出眉毛，用砖红色线或橙色线做直线绣在脸上绣出鼻子。

最后，缝一朵花在耳朵下。

漂亮的小熊

材料和工具

- 棉线团（100g/200m）：米色、薰衣草色和紫色
- 一点黑色和深玫瑰红色棉线
- 眼睛用直径为0.4cm或0.6cm的黑色珠子
- 填充棉
- 2颗小纽扣
- 钩针3.5/0号
- 记号环（选择使用）
- 刺绣针、缝衣针、毛线缝针、剪刀

要点

钩针针法

锁针、引拔针、短针、放针、并针、短针的条纹针：见92~94页

刺绣针法

直线绣、十字绣：见95页

注意：如无说明，此作品用螺旋形钩法。
窍门：为了更好地完成环形钩织，在一圈结束时放一个记号环，然后每次移动这个环，以标明一圈的开始。

编织方法

贴士：必须先钩织胳膊，再钩织身体，因为胳膊在后面会被连在身体上部一起钩织。

头（1个，米色线）
环形绕线起针。
第1圈：1锁针，6短针。
第2圈：6放针，共12针。
第3圈：（1短针、1放针）重复6次，共18针。
第4圈：（2短针、1放针）重复6次，共24针。

第5~9圈：按照以上规律，重复每圈放6针，共54针。
第10~18圈：每圈钩54短针，开始塞填充棉（边钩边填塞）。
第19圈：（7短针、1并针）重复6次，余48针。
第20圈：（6短针、1并针）重复6次，余42针。
第21~24圈：按照以上规律，重复每圈并6针，余24针。钩1针引拔针结束。完成填充，剪线。

胳膊（2只，米色线）
环形绕线起针。
第1圈：1锁针，6短针。
第2圈：6放针，共12针。
第3圈：（1短针、1放针）重复6次，共18针。
第4、5圈：每圈钩18短针。
第6圈：（1短针、1并针）重复6次，余12针，开始塞填充棉（边钩边填塞）。
第7圈：（1并针、4短针）重复2次，余10针。
第8~20圈：每圈钩10短针，塞填充棉（不要塞得太紧）。
第21圈：压扁胳膊的上口，用钩针同时穿过两边钩5针，剪线。
用同样的方法钩另一只胳膊。

腿（2条，米色线）
环形绕线起针。
第1圈：1锁针，6短针。
第2圈：6放针，共12针。
第3圈：（1短针、1放针）重复6次，共18针。
第4圈：（2短针、1放针）重复6次，共24针。
第5圈：（3短针、1放针）重复6次，共30针。
第6~8圈：每圈钩30短针。
第9圈：（3短针、1并针）重复4次，10短针，余26针。
第10圈：（2短针、1并针）重复4次，10短针，余22针。
第11圈：（1短针、1并针）重复4次，10短针，余18针。
第12圈：4并针，10短针，余14针。
第13~24圈：每圈钩14短针，开始塞填充棉（边钩边填塞）。
第25圈：（5短针、1并针）重复2次，余12针。钩1针引拔针结束，留足够的线后剪断。
用同样的方法钩另一条腿。

耳朵（2只，米色线）
环形绕线起针。
第1圈：1锁针，6短针。
第2圈：6放针，共12针。
第3圈：（1短针、1放针）重复6次，共18针。
第4圈：（2短针、1放针）重复6次，共24针。
第5、6圈：每圈钩24短针。
第7圈：（2短针、1并针）重复6次，余18针。
第8圈：（1短针、1并针）重复6次，余12针，钩1针引拔针结束，留足够的线后剪断。

用同样的方法钩另一只耳朵。

尾巴（1条，米色线）
环形绕线起针。
第1圈：1锁针，6短针。
第2圈：6放针，共12针。
第3圈：（1短针、1放针）重复6次，共18针。
第4、5圈：每圈钩18短针。
第6圈：（1短针、1并针）重复6次，余12针，塞填充棉。
第7圈：6并针，余6针，钩1针引拔针结束，留足够的线后剪断。

身体（1个，紫色线）
环形绕线起针。
第1圈：1锁针，6短针。
第2圈：6放针，共12针。
第3圈：（1短针、1放针）重复6次，共18针。
第4圈：（2短针、1放针）重复6次，共24针。
第5~8圈：按照以上规律，重复每圈放6针，共48针。
第9~13圈：每圈钩48短针。
第14圈：（6短针、1并针）重复6次，共42针。

第15、16圈：每圈钩42短针。开始塞填充棉（边钩边填塞）。
第17圈：（5短针、1并针）重复6次，余36针。
第18圈：36短针的条纹针（贴士：凸起的部分是为了以后钩裙子）。

第19、20圈：每圈钩36短针。
第21圈：（4短针、1并针）重复6次，余30针。
第22、23圈：每圈钩30短针。
第24圈：（3短针、1并针）重复6次，余24针。然后按如下组装胳膊。
第25圈：将钩针穿过胳膊上口边缘和身体钩5短针，在身体上钩7短针。将钩针穿过另一只胳膊上口边缘和身体钩5短针，在身体上钩7短针，共24针。

第26圈：将钩针穿过第1只胳膊前面上口边缘和身体钩5短针，在身体上钩7短针。将钩针穿过第2只胳膊前面上口边缘和身体钩5短针，在身体上钩7短针，共24针。

第27圈：（2短针、1并针）重复6次，余18针。
第28、29圈：每圈钩18短针，钩1针引拔针结束。完成填充，留足够的线后剪断。

裙子（1条）
第1圈：用紫色线在身体第18圈短针的条纹针凸起的位置上钩1锁针、36短针，在最开始的锁针上钩1针引拔针结束。

第2圈：在同一针上钩3锁针（=1长针），6长针，（在随后的一针上钩2长针，6长针）重复4次，随后在每一针上钩2长针，在开始的3针锁针的第3针上钩1针引拔针结束，共42针。换薰衣草色线钩织。
第3圈：1锁针，（6短针、1放针）重复6次，在最开始的锁针上钩1针引拔针结束，共48针。换紫色线继续钩织。
第4圈：3锁针（=1长针），2长针，在随后的一针上钩2长针，（3长针，在随后的一针上钩2长针）重复11次，在开始的3针锁针的第3针上钩1针引拔针结束，共60针。剪断紫色线，换薰衣草色线钩完。
第5圈：1锁针，60短针，在最开始的锁针上钩1针引拔针结束。

第6圈：1锁针，（1短针、跳过2针，在随后的1针上钩6长针、跳过2针）重复10次，在最开始的锁针上钩1针引拔针结束。断线。

组合
将头部和身体连接。然后缝耳朵和腿。
在头部第12圈和第13圈之间缝珠子（眼睛），间距4针。
用深玫瑰红色线，在眼睛的下方做直线绣绣出三角形的鼻子。
用黑色棉线，做直线绣绣出眉毛。
缝上纽扣。

基本技法

锁针起针

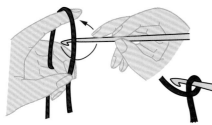

拇指和中指捏住

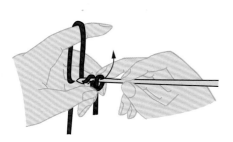
向下拉紧

① 将线放在钩针前面，如箭头所示转动钩针。
② 用左手拇指和中指捏住线圈交叉处，如图所示转动钩针挂线。
③ 将线从线圈中拉出。
④ 拉住线的末端，往下拉，收紧针上的线圈。

环形绕线起针

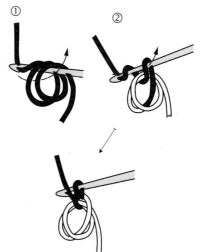

① ②

① 将线在钩针上绕2圈，针头挂线后拉出。
② 针头再次挂线从环中拉出，这个环就完成了。

锁针环形起针

① ②

10针锁针

① 钩所需数量的锁针（这里是10针），针头插入第1针锁针里。
② 钩1针锁针，使锁针形成1个环形。

短针的条纹针

短针的条纹针

先钩1针锁针，然后钩图上上色的部位（挨着的前一针）然后再重复。
注意：所有的针法都能用短针的条纹针钩，因此所形成的锁链上的条纹针的效果在作品的前面。

锁针

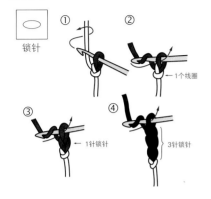

锁针

①钩针按照箭头方向转动，挂线。
②将线从钩针上的线圈中拉出，完成第1针锁针。
③重复钩第2针锁针。
④重复钩织另一边，图为钩织了另一边3针锁针。

短针

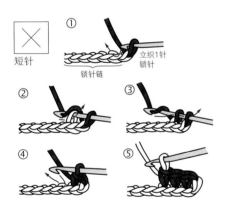

短针

①将锁针翻转，如图插入前一针锁针的里山。
②钩针从后向前挂线，并按箭头方向拉出。
③钩针再次挂线，从钩针上的2个线圈中引拔出。
④1针短针完成了，重复步骤①~③。
⑤3针短针完成了。

引拔针

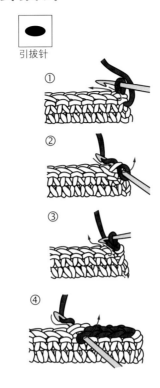

引拔针

①根据箭头，钩针插入前一行针目头部的2根线中。
②钩针挂线，按照箭头所示引拔出。
③根据箭头，将钩针插入第2针锁针头部的2根线中。
④钩针挂线，按照箭头，将线引拔出来，用同样的方法重复钩，要小心地钩，以免钩到其他线。

长针

长针

①立织3针锁针，代替1针长针，针上挂线，插入锁针的里山。
②钩针再次挂线，按箭头方向拉出。
③钩针再次挂线，从钩针上的2个线圈中拉出。
④钩针再次挂线，从剩余的2个线圈中引拔出。
⑤重复步骤①~④，完成3针长针，连同之前的3针锁针组成的第1针长针，一共4针长针。

2针长针并1针

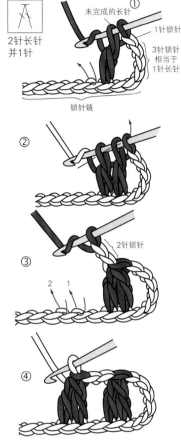

1针放2针短针

放针
（1针放
2针短针）

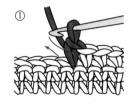

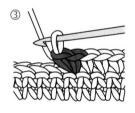

2针短针并1针

并针

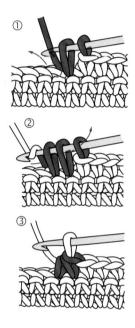

①立织3针锁针（=1针长针的高度），再钩1针锁针，在起针的锁针链上跳过1针，钩1针未完成的长针（留下长针最后1个线环），钩针挂线，沿箭头方向拉出。
②钩另一针未完成的长针，钩针挂线，在剩余的线环中拉出。
③钩2针锁针，在起针的锁针链上跳过1针，然后沿着箭头1、2的方向分别钩2针长针。
④需要钩2针锁针将2个2针长针并1针分开。

①在前一行针目头部的2根线中钩1针短针。
②针上挂线，从钩针上的2个线圈中一次性引拔出。
③1针放2针短针完成。

①钩针插入前一行针目头部的2根线中，针上挂线并拉出（未完成的短针）。
②未完成的2针短针的状态，针上挂线，从3个线圈中一次性引拔出。
③2针短针并1针完成。

棒针针法

下针编织

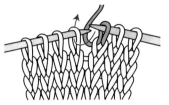

线放在织片的后面

将右棒针从前往后插入左棒针的线圈中。右棒针挂线从前面将线拉出，然后左针抽出，完成下针。

上针编织

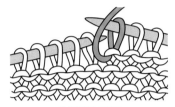

线放在织片的前面

将右棒针从后往前插入左棒针的线圈中。右棒针挂线从后面将线拉出，然后左棒针抽出，上针完成。

刺绣针法

直线绣

如图从1处出针，2处入针，3处出针，完成1针直线绣。

十字绣

这是单十字绣的刺绣方法。如图从1处出针，从2处入针，再从3处出针，从4处入针，即完成1针十字绣。

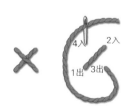

20 Adorables Jouets Au Crochet by Desi Dimitrova

© Les Editions de Saxe—2016

备案号：豫著许可备字-2016-A-0409

图书在版编目（CIP）数据

爱不释手的20款玩偶钩织／（保）德桑拉瓦·迪米特罗娃著；
陆歆译 .—郑州：河南科学技术出版社，2020.6

ISBN 978-7-5349-9924-6

Ⅰ.①爱… Ⅱ.①德… ②陆… Ⅲ.①绒线－编织－图解
Ⅳ.① TS935.52-64

中国版本图书馆 CIP 数据核字（2020）第 056049 号

出版发行：河南科学技术出版社
　　　　　地址：郑州市郑东新区祥盛街27号　　邮编：450016
　　　　　电话：（0371）65787028　　65788613
　　　　　网址：www.hnstp.cn
策划编辑：刘　欣
责任编辑：刘　欣
责任校对：王晓红
封面设计：张　伟
责任印制：张艳芳
印　　刷：北京盛通印刷股份有限公司
经　　销：全国新华书店
开　　本：889 mm ×1194 mm　1/16　印张：6　字数：200千字
版　　次：2020年6月第1版　2020年6月第1次印刷
定　　价：49.00元